U0348222

# 仙居县农作物

## 种质资源普查与收集汇编

杨俞娟　朱贵平　张群华　主编

中国农业科学技术出版社

**图书在版编目（CIP）数据**

仙居县农作物种质资源普查与收集汇编 / 杨俞娟，
朱贵平，张群华主编 . -- 北京：中国农业科学技术出版
社，2021.7

ISBN 978 - 7 - 5116 - 5384 - 0

Ⅰ. ①仙…　Ⅱ. ①杨…②朱…③张…　Ⅲ. ①作物—
种质资源—资源调查—仙居县　Ⅳ. ① S329.255.4

中国版本图书馆 CIP 数据核字（2021）第 122799 号

责任编辑　白姗姗
责任校对　贾海霞
责任印制　姜义伟　王思文

出 版 者　中国农业科学技术出版社
　　　　　北京市中关村南大街 12 号　邮编：100081
电　　话　（010）82106638（编辑室）　（010）82109702（发行部）
　　　　　（010）82109709（读者服务部）
传　　真　（010）82106650
网　　址　http: // www.castp.cn
经 销 者　各地新华书店
印 刷 者　北京建宏印刷有限公司
开　　本　185mm×260mm　1/16
印　　张　16.75
字　　数　310 千字
版　　次　2021 年 7 月第 1 版　2021 年 7 月第 1 次印刷
定　　价　268.00 元

# 《仙居县农作物种质资源普查与收集汇编》
## 编 委 会

主　　编：杨俞娟　朱贵平　张群华

副 主 编：朱再荣　顾天飞　袁　玲

编写人员（按姓氏笔画排序）：

朱再荣　朱贵平　应卫军　应俊杰

吴玉勇　杨俞娟　张　胜　张惠琴

张群华　周奶弟　顾天飞　袁　玲

章志成　戴亚伦

通讯主编：朱贵平（1966—　），男，浙江仙居人，学士，推广研究员，主要从事农业技术推广工作，E-mail: xizhuguiping@163.com.

# 序

随着工业化、城镇化的快速发展，以及受气候、耕作制度和农业经营方式变化的影响，一些区域的许多地方品种迅速消失，农作物野生种质资源也因其生境的变化或遭受破坏而急剧减少。

我国是农业生产大国和用种大国，"种子是农业的'芯片'"，农作物种业是国家战略性、基础性核心产业，是促进农业长期稳定发展、保障国家粮食安全的根本。通过开展农作物种质资源普查和收集，摸清农作物种质资源的家底，抢救性收集和保护珍稀、濒危农作物野生种质资源和特色地方品种，对保护农作物种质资源的多样性，维护农业可持续发展具有重要意义。

仙居县生态环境优越，农耕文明源远流长，农作物种质资源非常丰富。仙居县农业农村局在开展农作物种质资源普查的基础上，把普查到的各类种质资源进行分类汇编，非常及时必要，可以为全省种子库建设、丰富物种资源提供基础材料和信息。

《仙居县农作物种质资源普查与收集汇编》的出版，紧扣时代主题，对教育广大人民群众关心、爱护和保护农作物种质资源会起到很好的宣传推动作用，可以为农业科研、种业发展和农业知识普及提供有益参考。

台州科技职业学院原院长　教授、推广研究员

2021 年 3 月

# 前言

　　浙江省台州市仙居县地处浙江省东南部，台州市的西部，靠近东海，东连临海市、黄岩区，南邻永嘉县，西接缙云县，北靠磐安县和天台县，在北纬 28.5°～29°，境内南北直线距离 57.6 千米，东经 120°～121°，东西直线距离 63.6 千米，县域面积 2 000 平方千米，以丘陵山地为主，是一个"八山一水一分田"的山区县。境内重峦叠嶂，空气清新，景色秀美，森林覆盖率达 79%。贯穿全境的永安溪川流不息，清澈见底，风光旖旎，曾被评为全国十大"最美家乡河"，水质特优，基本达Ⅰ类水标准，是国家级生态县。据考证，李白的"梦游天姥吟留别"的天姥山就是仙居的韦羌山，也就是现在的神仙居。1007 年，宋真宗赵恒以"其洞天名山，屏蔽周围，而多神仙之宅"，下诏赐名"仙居"。1984 年发现的横溪镇下汤农耕文化遗址是目前在浙南地区发现的规模最大、保存最完整、时代最早、文化内涵最丰富的一处人类居住遗址，距今 8 000 多年，相当于母系氏族社会早中期，被誉为"万年台州"之源。在其出土的文物中，石磨盘和石磨棒是世界上发现的最完整、最原始的稻谷脱壳工具。由于地处海洋性气候与内陆性气候交汇处，仙居日照充足，雨量充沛，自然生态条件优越，农耕文化历史底蕴深厚。历史悠久的农耕文化，让仙居拥有丰富的农作物种质资源。

随着社会的进步、人们生活水平的提高，对自然资源过度的索取和国内外优良品种的不断引进，原生农作物种质资源面临着枯竭的危险。农作物种质资源是农业原始创新的物质基础，是农业可持续发展不可替代的战略性储备资源，是选育农作物新品种不可或缺的基础材料。2015年，农业部、国家发展和改革委员会、科学技术部联合印发了《全国农作物种质资源保护与利用中长期发展规划（2015—2030年）》，农业部快速启动了"第三次全国农作物种质资源普查与收集行动"，掀开了我国在新的历史时期重视和抢救保护种质资源新的战略篇章。

2017年4月，"第三次全国农作物种质资源普查与收集行动"在浙江省正式启动，作为全省19个系统调查县之一，仙居县有机会搭上了全面普查农作物种质资源的班车。至2018年年底，共确认和登记了120份各类农作物种质资源样本，包括水稻、玉米、薯类、蔬菜、水果等（中药材、茶桑、草本花卉不在本次调查范围），完成了1956年、1981年和2014年三个时间节点上的《第三次全国农作物种质资源普查与收集行动普查表》调查任务，并详细填写了《第三次全国农作物种质资源普查与收集行动征集表》。

经开展"第三次全国农作物种质资源普查与收集行动"，我县发现了大量的农作物种质资源，如三粒寸糯稻、百廿日玉米、小黄皮马铃薯、红皮白心番薯、红花芋、黄花菜、白扁豆、水梅、黄心猕猴桃等，许多珍贵资源濒危，如不加以保护，会慢慢消失。建议各级政府出台专项政策，对值得保护的种质资源，像保护重点文物、古稀林木一样列出清单，挂牌或实体保护，同步推进农作物种质资源库建设，创建种质资源管理与共享平台。

2021年是"十四五"开局之年，中央经济工作会议强调要解决好种子和耕地问题，开展种源"卡脖子"技术攻关，立志打一场种业翻身仗。正是在这样的历史背景下，在系统调查仙居县农作物种质资源现状的基础上，结合"第三次全国农作物种质资源普查与收集行动"成果，仙居县农业农村局组织编写了《仙居县农作物种质资源普查与收集汇编》一书，本书共120个农作物种质资源，按粮食、蔬菜、水果、油料、其他分五类进行归类表述。相信本书的出版，可以为广大农业科研人员、农业院校师生、农技推广人员、以及种业从业人员提供有益的参考。

本书的编写过程中，参考了《湖南省农作物种质资源普查与收集指南》《台州市蔬菜种质资源普查与应用》等文献，得到了浙江省农业农村厅、浙江省农业科学院、台州学院、台州市农业农村局领导和同行的指导、支持与帮助，特别是浙江省农业科学院陈合云专家团队和仙居县种子管理站张群华、朱再荣等老同志在普查过程中的辛勤付出，在此一并谨致谢意。由于种质资源普查涉及时间长、范围广、专业深，加上机构更迭，人力财力限制，编撰时间仓促、水平有限，错漏之处在所难免，敬请读者、同行专家批评指正。

编　者

2021 年 3 月

# 目录

## 第二章　蔬菜作物

## 第三章　水果作物

## 第四章 油料作物

## 第五章 其他作物

## 第六章 附录

第一章
# 粮食作物

# 01 三粒寸糯稻
编号 2018334268

【作物名称】糯稻，学名 *Oryza sativa* L. var. Glutinosa Matsum.，禾本科稻属一年生草本植物。

【品种名称】三粒寸糯稻。

【来源分布】仙居本地农家品种，栽培历史悠久，本次普查只在官路镇谷坦村石头坦自然村发现少量种植。

【特征特性】株高105厘米，穗长23.2厘米，穗总粒207粒，结实率91.8%，千粒重27.1克。分蘖力强，耐肥抗倒，较抗稻瘟病、稻曲病，单产400千克/亩（1亩≈667平方米）左右。晚熟，全生育期在海拔700米左右约150天。籼糯，谷粒细长，糯性好，品质优。适宜捣麻糍、包粽子、做汤圆、酿酒。

# 02 红壳糯
### 编号 2018334308

【作物名称】糯稻，学名 *Oryza sativa* L. var. Glutinosa Matsum.，禾本科稻属一年生草本植物。

【品种名称】红壳糯。

【来源分布】仙居本地农家品种，栽培历史悠久，本次普查只在南峰街道下垟底村溪头自然村发现。

【特征特性】株高 125 厘米，穗长 20.2 厘米，穗总粒 206 粒，结实率 82%，千粒重 31.1 克。分蘖力强，抗病、抗虫性都较差，感稻飞虱。籽粒饱满，千粒重高，谷壳偏黄褐色。高秆，易倒伏。单产 400 千克/亩左右。糯性强，软，细腻，口感好。

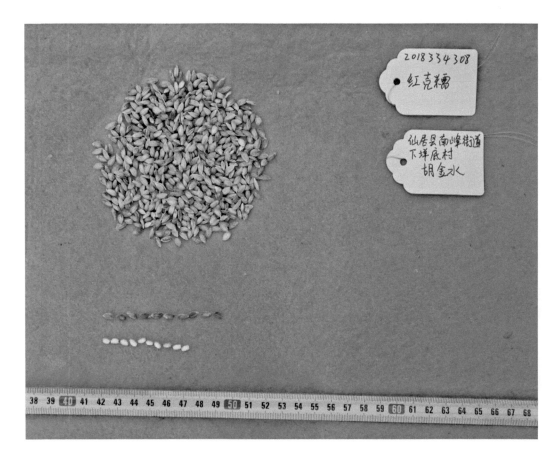

# 03 白壳糯
**编号 2018334306**

【作物名称】糯稻，学名 *Oryza sativa* L. var. Glutinosa Matsum.，禾本科稻属一年生草本植物。

【品种名称】白壳糯。

【来源分布】仙居本地农家品种，栽培历史悠久，仙居各地零星种植。

【特征特性】株高 100 厘米左右，穗长约 18 厘米，单、双季均可种植，省肥，抗倒性差，产量低，单产 300 千克/亩左右。糯性好，品质优，可以磨粉做汤圆、捣麻糍、包粽子、烧糯米饭和酿酒等。

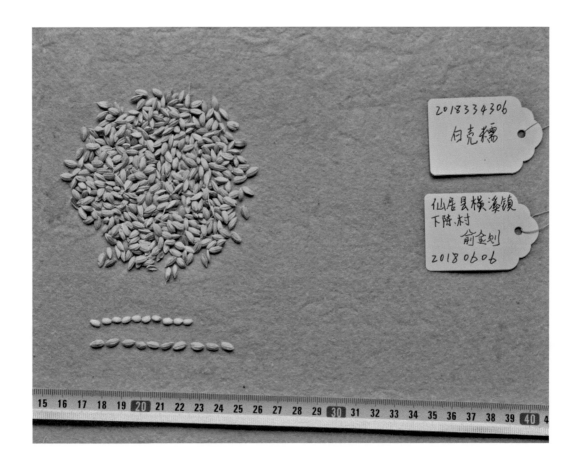

# 04 台北稻
编号 **2018334298**

【作物名称】粳稻，学名 *Oryza sativa* Linn. subsp. *japonica* Kato，禾本科稻属一年生草本植物。

【品种名称】台（tāi）北稻。

【来源分布】仙居本地农家品种，栽培历史悠久，本次普查在安岭乡雅楼村发现。

【特征特性】株高 100 厘米左右，穗长约 20 厘米，穗粒不紧凑，千粒重低，单产 450 千克 / 亩左右。病虫害抗性一般。煮饭松软有香味，特别适宜做年糕、米馒头和炒咸酸饭。

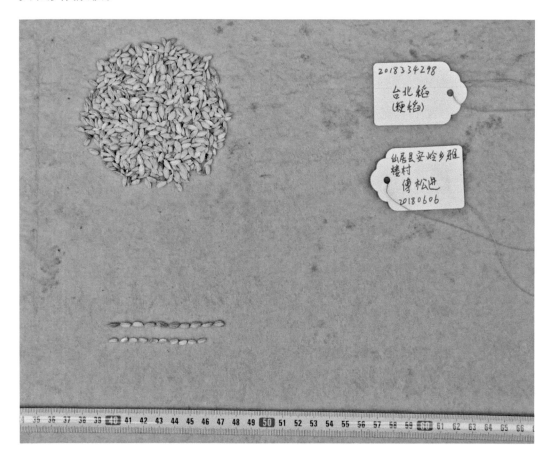

# 05 九〇八
**编号 2018334307**

【作物名称】小麦，学名 *Triticum aestivum* L.，禾本科小麦属一年生草本植物，是一种在世界各地广泛种植的谷类作物。小麦是世界上三大谷物之一，小麦颖果是人类的主食，中国是世界上较早种植小麦的国家之一。

【品种名称】浙麦1号，仙居土话"九〇八"（音）。

【来源分布】农家品种，在仙居有40多年栽培历史，本次普查在淤山乡雅溪村发现。

【特征特性】须根系，秆直立，丛生，高60～100厘米，植株总体偏矮；叶鞘松弛包茎，无毛，叶片平展，条状披针形，穗顶端无芒，颖果卵圆形，易与稃片分离。"九〇八"小麦生育期短，产量水平不高，但抗性强，品质优，是仙居人公认的优质小麦品种，喜欢用来制作面条和馒头，尤其是制作"索面"的最佳原材料。

# 06 黄籽百廿日玉米
### 编号：**2018334317**

【作物名称】玉米，学名 *Zea mays* L.，禾本科玉米属一年生草本植物，又名苞谷、苞米棒子等。

【品种名称】百廿日玉米，仙居土话"光粟"（音）。

【来源分布】仙居农家品种，栽培历史悠久，目前在安岭、上张、广度等乡镇有少量种植，为当地传统优质食用玉米品种。

【特征特性】植株高大，穗位高，叶平展。据考查，平均株高 267.3 厘米，穗位高 134.4 厘米，茎秆较细，气生根多，抗倒伏能力一般。单株叶片 19～20 张。果穗长锥形，长 19～25 厘米，穗粗 4.3 厘米，每穗结籽 10～12 行，每行 36～47 粒。轴粗 2.4 厘米，单穗重约 160 克。出籽率 85.4%，籽粒黄白色，马齿型，千粒重 277 克。迟熟，全生育期 150 天左右。不耐旱，怕渍，喜温光，抗病性好。粉质糯，食用品质好，农民习惯做玉米饼、条、圆等食品。单产 200 千克/亩左右，产量偏低。一般小满前后播种，霜降收获。

# 07 白籽百廿日玉米
编号：**2018334300**

【作物名称】玉米，学名 *Zea mays* L.，禾本科玉米属一年生草本植物。

【品种名称】百廿日玉米。

【来源分布】仙居农家品种，栽培历史悠久，目前在安岭乡雅楼村发现有少量种植，为当地传统优质食用玉米品种。

【特征特性】植株高大，穗位高，叶平展。据考查，平均株高 251.6 厘米，穗位高 129.5 厘米，茎秆较细，气生根多，抗倒伏能力一般。单株叶片 19 ～ 20 张。果穗长锥形，平均长 22.5 厘米，穗粗 4.4 厘米，每穗结籽 10 ～ 12 行，每行 32 ～ 43 粒。轴粗 2.3 厘米，单穗重约 170 克。出籽率 87.2%，籽粒乳白色，马齿型，千粒重 283 克。迟熟，全生育期 150 天左右。抗性较好。食用品质好，农民习惯做玉米饼、条、圆等食品。单产 225 千克 / 亩左右，产量偏低。一般小满前后播种，霜降收获。

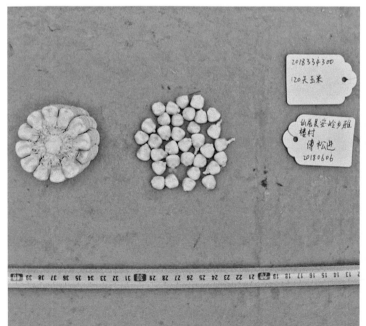

# 08 本地黄豆
编号：**2018334297**

【作物名称】大豆，学名 *Glycine max* (Linn.) Merr.，豆科大豆属一年生草本植物。大豆是中国重要粮食作物之一，最常用来做各种豆制品、榨取豆油、酿造酱油和提取蛋白质。

【品种名称】本地黄豆，又名八月豆。

【来源分布】仙居传统农家品种，栽培历史悠久，作秋大豆栽培，本次普查在安岭乡雅楼村发现有小面积种植。

【特征特性】该品种属直立型，株高 50～60 厘米。茎秆粗壮，分枝多而整齐，叶近圆形。荚果肥大，长圆形，稍弯，长 4～8 厘米，密被褐黄色绒毛；种子 3～5粒，近球形，种皮光滑，种脐明显，椭圆形。结荚率高，粒子大，百粒重约 40 克，做豆腐产出率高。全生育期 100～105 天，抗性好，单产 120～150 千克/亩，高产田块可达 200 千克。质感粉，用来做豆腐、发豆芽、炖猪蹄、炒梅干菜等。

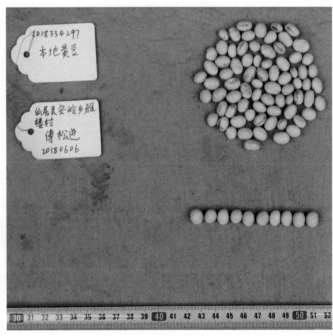

# 09 乌皮青仁豆
编号：**2018334357**

【作物名称】大豆，学名 *Glycine max* (Linn.) Merr.，豆科大豆属一年生草本植物。

【品种名称】乌皮青仁豆，又名青仁豆。

【来源分布】引进品种，已有 30 多年栽培历史，作夏大豆栽培，各乡镇均有小面积种植。

【特征特性】因种皮乌黑、仁肉青色而得名。此品种所以名贵，主要是蛋白质、维生素、铁质等含量极为丰富，药用价值很高，在中医用药上属于滋补佳品。据中医药理记述，它有养阴补气、滋补明目、祛风防热、活血解毒，以及乌须发等药用价值。《本草纲目》中仅用乌豆作单方治病的处方就达 50 多条。植株较高，结荚性一般，荚果大，籽粒圆润，抗性、产量一般。

# 10 赤豆
编号：**2018334323**

【作物名称】小豆，学名 *Vigna angularis* (Willd.) Ohwi et Ohashi，豆科豇豆属的一年生、直立或缠绕草本植物，别名红豆、赤豆、米豆、饭豆等。小豆除富含蛋白质、维生素、矿质元素等营养物质外，还具有活血、利水等药用价值，是广受欢迎的食药两用作物。

【品种名称】赤豆。

【来源分布】仙居传统农家品种，历史悠久，本次普查在朱溪镇朱家岸村发现有小面积种植。

【特征特性】株高 70 厘米左右，植株被疏长毛。羽状复叶具 3 小叶，小叶卵形，长 5～10 厘米，宽 5～8 厘米，先端宽三角形，全缘，两面均稍被疏长毛。花黄色，约 5 或 6 朵生于短的总花梗顶端。荚果圆柱状，长 5～8 厘米，宽 5～6毫米，平展或下弯，无毛；种子暗红色，长圆形，长 5～6 毫米，宽 4～5 毫米，两头截平，种脐不凹陷。6 月播种，10 月底收获。籽粒较大，多用作包粽子馅料，或煮粥，或熬红豆汤，水少口感糯，水多口感粉，好吃、好喝，是夏天大家喜欢的保健食品。

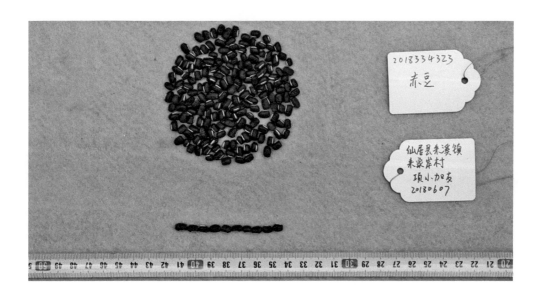

# 11 米赤（绿）
### 编号：2018334321

【作物名称】小豆，学名 *Vigna angularis* (Willd.) Ohwi et Ohashi，豆科豇豆属的一年生、直立或缠绕草本植物。

【品种名称】米赤（绿）。

【来源分布】仙居传统农家品种，历史悠久，本次普查在朱溪镇朱家岸村发现有小面积种植。

【特征特性】同赤豆，6 月播种，10 月底收获。籽粒较小，种皮浅绿色，多用来煮粥或熬汤，口感好，是夏天大家喜欢的消暑保健食品。

# 12 米赤（红）
## 编号：2018334322

【作物名称】小豆，学名 *Vigna angularis* (Willd.) Ohwi et Ohashi，豆科豇豆属的一年生、直立或缠绕草本植物。

【品种名称】米赤（红）。

【来源分布】仙居传统农家品种，历史悠久，本次普查在朱溪镇朱家岸村发现有小面积种植。

【特征特性】同赤豆，6月播种，10月底收获。籽粒较小，种皮红色，多用来煮粥或熬汤，口感好，是夏天大家喜欢的消暑保健食品。

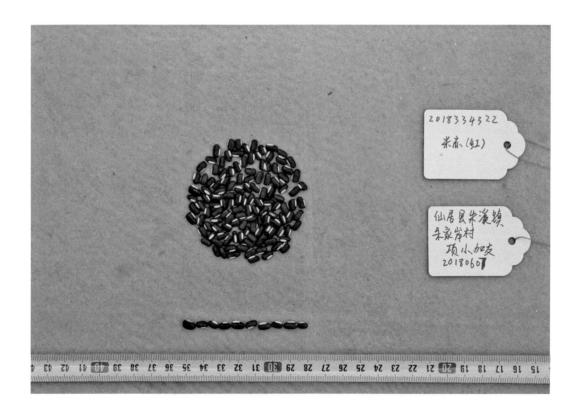

# 13 绿豆
编号：**2018334358**

【作物名称】绿豆，学名 *Vigna radiata* (Linn.) Wilczek，豆科豇豆属的一年生直立草本植物。绿豆清热之功在皮，解毒之功在肉。绿豆汤是家庭常备夏季消暑饮料，清暑开胃，老少皆宜。传统绿豆制品有绿豆糕、绿豆饼、绿豆沙、绿豆粉皮等。

【品种名称】绿豆。

【来源分布】仙居农家品种，栽培历史悠久，在山区、平原均有种植。

【特征特性】株型直立，植株高度约 60 厘米。茎秆绿色，有绒毛；三出复叶，叶片较大，绿色，心形，叶缘平整。叶柄较长，紫红色，被有绒毛；总状花序，花淡黄色，着生在主茎或分枝的叶腋和顶端花梗上，花梗紫红色，密被褐色绒毛；荚果细长，具褐色绒毛，成熟荚黑色，圆筒形，稍弯，荚长 7～14 厘米，单荚粒数一般 10～12 粒，多的可达 19 粒；种子浅绿色，种皮无光泽，无蜡质，籽粒大小中等，百粒重 5.4 克左右，呈圆柱形，长约 5.1 毫米，宽约 3.8 毫米。生育期短，早熟，5 月播种，8 月收获，全生育期 90～100 天。性喜温暖，适应性广，抗逆性强，耐旱、耐盐、耐瘠，抗病毒病、叶斑病、白粉病。种皮薄，肉质细糯可口，品质极佳。绿豆芽是广泛食用的蔬菜之一。

# 14 小黄皮
## 编号：2018334313

【作物名称】马铃薯，学名 *Solanum tuberosum* L.，茄科茄属一年生草本植物，膨大的块茎可供食用，是全球第四大重要的粮食作物，仅次于小麦、稻谷和玉米。马铃薯又名洋芋、洋芋头、土豆等。

【品种名称】小黄皮。

【来源分布】仙居传统农家品种，栽培历史悠久。主要分布在朱溪、上张、官路等乡镇，由于产量低，目前种植面积很小。2010 年已被列为浙江省农作物种质资源保护对象。

【特征特性】该品种株高 45 厘米左右，开展度 40 厘米 ×50 厘米，分枝中等，叶绿色，花白色。结薯较分散，薯块近圆形，表皮光滑，淡黄色，芽眼较深，肉黄色。薯块小而整齐，直径 3 ～ 4 厘米，单株结薯 15 个左右。迟熟，播种至初收 100 ～ 110 天。单产 750 ～ 1 000 千克 / 亩，产量较低。轻感环腐病和青枯病。喜光不耐湿。品质糯且细腻，食味佳，是鲜食做菜的理想品种。

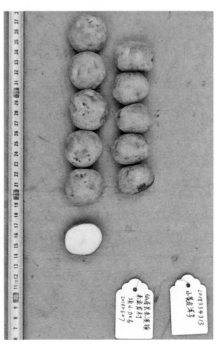

# 15 猪腰洋芋
编号：**2018334312**

【作物名称】马铃薯，学名 *Solanum tuberosum* L.，茄科茄属一年生草本植物。

【品种名称】猪腰洋芋。

【来源分布】仙居农家品种，栽培历史悠久，主要分布在朱溪、广度、上张等乡镇，由于产量低，目前种植面积很小。

【特征特性】该品种株高 50 厘米左右，株型分散，分枝中等，茎细叶小，叶绿色，叶缘有锯齿状缺刻，花由红转白。薯块长椭圆形，形状像猪腰，黄皮，薯肉黄色。芽眼较深，薯皮光滑。单株结薯 8 ～ 10 个，产薯 400 克左右。薯块大小较均匀。植株前期直立生长，后期匍匐生长，开展度长达 1 米。中晚熟品种，苗期较耐寒，抗病性好。单产 1 000 千克 / 亩左右。全生育期 120 ～ 130 天。薯块肉质细腻粉糯，食用品质好。

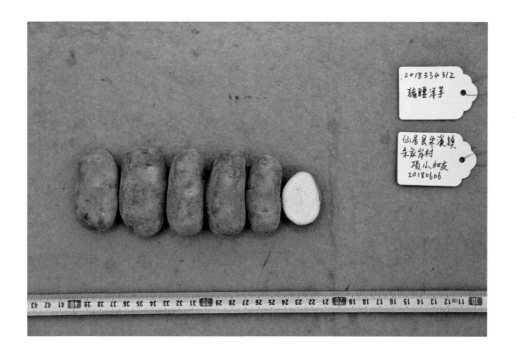

# 16 梁山洋芋
编号：**2018334314**

【作物名称】马铃薯，学名 *Solanum tuberosum* L.，茄科茄属一年生草本植物。

【品种名称】梁山洋芋。

【来源分布】引进品种，主要分布在朱溪、上张、大战等乡镇，产量水平较高。

【特征特性】植株直立，茎秆粗壮，株高 70 厘米左右，开展度 40 厘米 ×50 厘米，分枝中等，叶绿色，花白色，结薯集中，易采收。薯块外观好，卵圆形，表皮光滑，淡黄色，芽眼浅，肉黄色。薯块大而整齐，长 6～8 厘米、横径 5～7 厘米，单株结薯 6～7 个、产薯 500 克左右。早熟，从播种至初收约 90 天。产量 1 250 千克 / 亩左右。品质好，煮食，炒薯片（切薄片，放油、大蒜、料酒，炒黄后很好吃）、切丝炒粉面都很好吃，做成的酸辣土豆丝还是名菜。

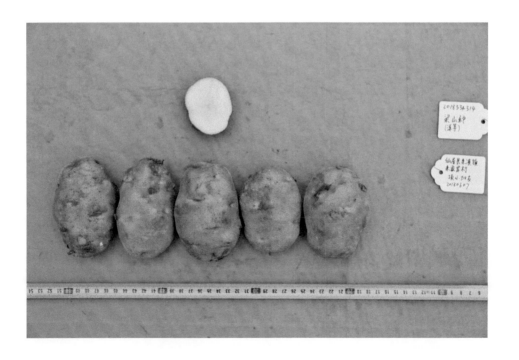

# 17 蘑菇洋芋
**编号：2018334274**

【作物名称】马铃薯，学名 *Solanum tuberosum* L.，茄科茄属一年生草本植物。

【品种名称】蘑菇洋芋。

【来源分布】仙居农家品种，栽培历史悠久，本次普查在官路镇谷坦村扛桥田自然村发现少量种植。

【特征特性】该品种株高 80 厘米左右，开展度 50 厘米 ×50 厘米，叶绿色。结薯较分散，薯块近圆形，外观像蘑菇，表皮光滑，淡黄色，芽眼较深，肉黄色。薯块中等，横径 4～6 厘米，单株结薯 10 个左右。迟熟，播种至初收 100～110 天。产量高，单产 1 500 千克 / 亩。喜光不耐湿。品质有点粉、不糯，食味中等。

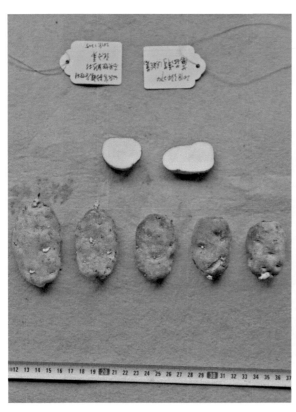

# 18 红皮洋芋

编号：**2018334296**

【作物名称】马铃薯，学名 *Solanum tuberosum* L.，茄科茄属一年生草本植物。

【品种名称】红皮洋芋。

【来源分布】仙居农家品种，本次普查在安岭乡雅楼村发现有少量种植。

【特征特性】株高约 70 厘米，茎秆较粗壮，叶绿色，叶缘有锯齿状缺刻，花紫红色。薯块长椭圆形，红皮黄肉，口味好，煮后红色褪去。芽眼浅，薯皮光滑。单株结薯 6 ~ 20 个不等，平均重约 500 克。薯块大小差异较大。中晚熟品种，抗病性好。单产 1 000 ~ 1 500 千克 / 亩。

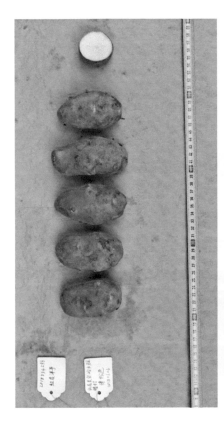

# 19 黍离
编号 2018334329

【作物名称】高粱，学名 *Sorghum bicolor* (Linn.) Moench，禾本科高粱属一年生草本植物。

【品种名称】黍离。

【来源分布】仙居本地品种，中华人民共和国成立前各地都有种植，本次普查仅在埠头镇小屋基村发现。

【特征特性】本次普查发现的仙居本地黍离有 50 多年栽培历史，高 170 厘米，茎秆直立，较细，基部节上有支撑根。叶鞘无毛稍有白粉，叶舌硬膜质，先端圆，边缘有纤毛；叶片线状披针形，先端渐尖，基部圆，表面暗绿色，背面淡绿色，两面无毛。圆锥花序，长 30 厘米，具 3～6 节，节间粗糙。颖果两面平，长 3～4 毫米，红棕色。6 月初播种，霜降成熟。秆子甜。抗性强，品质优。磨成粉做丸子，糯软可口；酿酒更佳。

# 20 粟米
编号 2018334316

【作物名称】粟，学名 *Setaria italica* L.，禾本科狗尾草属一年生草本植物，须根粗大，植株细弱矮小，适于生长在海拔1 000米以下，俗名"谷子"。粟的谷粒脱壳可食，粟米入脾、胃、肾经，具有健脾和胃的作用，特别适合脾胃虚弱的人食用；粟米可入药，味甘、性凉，有和中、益肾、除热、解毒功效。

【品种名称】粟米，又名小米。

【来源分布】仙居本地品种，中华人民共和国成立前各地都有种植，本次普查仅在上张乡奶吾坑村发现。

【特征特性】仙居本地粟米高不到1米，须根粗，茎秆细，叶片长披针形，先端尖，基部钝圆，上面粗糙，下面稍光滑。圆锥花序呈圆柱状，通常下垂，长10～40厘米，宽1～5厘米，主轴密被柔毛，刚毛稍长于小穗，黄色；小穗椭圆形，长2～3毫米，黄色；成熟后，自第1外稃基部和颖分离脱落，花柱基部分离。花、果期夏、秋季。产量水平中等，品质优。包粽子，煮小米饭、粥，做年糕、麻糍，酿酒均佳。

# 21 蜜糖番薯
编号：**2018334267**

【作物名称】番薯，学名 *Ipomoea batatas* (L.) Lam.，旋花科番薯属一年生草质藤本植物，是一种高产而适应性强的粮食作物，与工农业生产和人民生活关系密切。块根除作主粮外，也是食品加工、淀粉和酒精制造工业的重要原料，根、茎、叶又是优良的饲料。

【品种名称】蜜糖番薯。

【来源分布】仙居农家品种，种植历史悠久，目前只在官路镇谷坦村石头坦自然村发现有少量种植。

【特征特性】茎平卧或上升，偶有缠绕，多分枝，藤蔓短，约160厘米，宜密植。叶片绿褐色，宽卵形，叶柄长短不一。聚伞花序腋生，蒴果卵形或扁圆形，种子1～4粒，通常2粒，无毛。地下部分具椭圆形或纺锤形的块根。5月下旬至6月上旬扦插，霜降成熟，中熟，产量高，单产2 500千克/亩。红皮黄肉，适宜鲜食。窖藏不易发芽。

# 22 西瓜番薯
编号：**2018334284**

【作物名称】番薯，学名 *Ipomoea batatas* (L.) Lam.，旋花科番薯属一年生草质藤本植物。

【品种名称】西瓜番薯。

【来源分布】仙居农家品种，种植历史悠久，目前只在官路镇谷坦村石头坦自然村发现有少量种植。

【特征特性】茎平卧或上升，偶有缠绕，藤蔓长。嫩茎、叶柄和叶均可鲜食，炒菜，补血；薯块大，一般每株结薯 3～5 个，红皮黄肉，圆形，有棱，形状像西瓜。淀粉含量高，适宜磨粉制作番薯面。品质好，煮食香甜可口，粉、香。到春节时口感仍粉。

# 23 香番薯

**编号：2018334285**

【作物名称】番薯，学名 *Ipomoea batatas* (L.) Lam.，旋花科番薯属一年生草质藤本植物。

【品种名称】香番薯。

【来源分布】仙居农家品种，种植历史悠久，目前只在官路镇谷坦村扛桥田自然村发现有少量种植。

【特征特性】藤长。皮红肉黄白。淀粉含量高，煮起来香，口感粉。株产1.5 ~ 2 千克，产量水平较高。适宜鲜食和磨粉制作成番薯面。

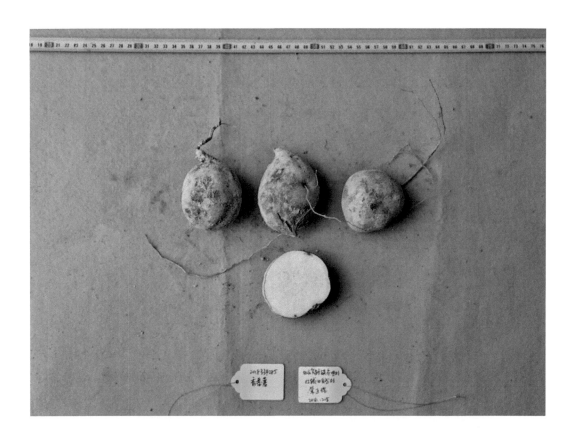

# 24 白皮栗番薯
编号：2018334286

【作物名称】番薯，学名 *Ipomoea batatas* (L.) Lam.，旋花科番薯属一年生草质藤本植物。

【品种名称】白皮栗番薯。

【来源分布】仙居农家品种，种植历史悠久，目前只在官路镇从坦村扛桥田自然村发现有少量种植。

【特征特性】藤长。薯块大，白皮白肉。质粉，淀粉含量高，比粉皮栗番薯好，适宜磨粉提取淀粉，做番薯面。抗性较强，株产 1 ～ 1.5 千克，产量水平一般。

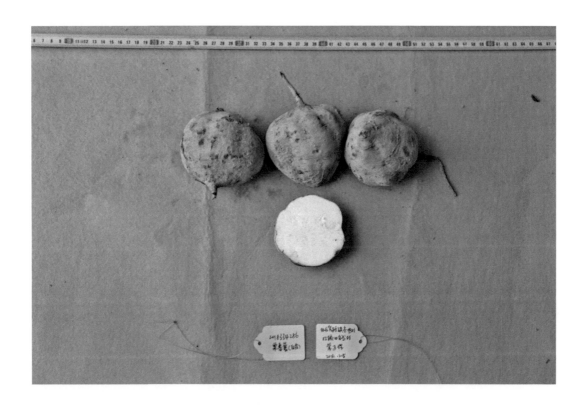

# 25 粉皮栗番薯
编号：2018334287

【作物名称】番薯，学名 *Ipomoea batatas* (L.) Lam.，旋花科番薯属一年生草质藤本植物。

【品种名称】粉皮栗番薯。

【来源分布】仙居农家品种，种植历史悠久，目前只在官路镇扛桥田村发现有少量种植。

【特征特性】藤长。薯块大，红皮黄肉。质粉，淀粉含量高，但比白皮栗番薯稍低，适宜磨粉提取淀粉，做番薯面。抗性较强，株产 1 ～ 1.5 千克，产量水平一般。

# 26 红皮白心
## 编号：2018334288

【作物名称】番薯，学名 *Ipomoea batatas* (L.) Lam.，旋花科番薯属一年生草质藤本植物。

【品种名称】红皮白心，又名 60 日番薯。

【来源分布】仙居农家品种，种植历史悠久，本次普查只在官路镇谷坦村扛桥田自然村发现有少量种植。

【特征特性】叶绿色，五角星形，有 3 个缺刻，株型匍匐长蔓型，蔓细长达 3 ～ 4 米。薯块皮红，色泽鲜艳，肉白，长纺锤形。单株结薯 3 ～ 5 个，单株鲜薯重 500 ～ 1 000 克。迟熟，一般生育期 150 ～ 180 天，适宜沙壤土，忌连作。一般单产 2 000 ～ 3 000 千克 / 亩。薯块外形美观，肉质口感脆、鲜甜爽口。该品种产量高，淀粉含量低，可以生食（水果番薯），开发前景广。

# 27 三角番薯
编号：**2018334289**

【作物名称】番薯，学名 *Ipomoea batatas* (L.) Lam.，旋花科番薯属一年生草质藤本植物。

【品种名称】三角番薯。

【来源分布】仙居农家品种，历史悠久，目前在安岭、溪港、官路等乡镇有种植。

【特征特性】叶片三角形，藤短，约80厘米，产量高，每株高达2～2.5千克，红皮黄肉，淀粉含量不高，煮熟后糯软，口感佳，适宜制作果脯。

# 28 香蕉番薯
编号：2018334353

【作物名称】番薯，学名 *Ipomoea batatas* (L.) Lam.，旋花科番薯属一年生草质藤本植物。

【品种名称】香蕉番薯。

【来源分布】仙居农家品种，种植历史悠久，目前只在安岭乡雅楼村有发现。

【特征特性】果皮粉红色，肉质金黄色，细腻，含糖量、含水量较高，烤薯首选品种。烤熟过程水分蒸发，糖分变成糖浆，可以和蜂蜜媲美，香甜好吃。薯皮光滑，个头小，短纺锤形，烤薯一般选择比较直的和外观漂亮的番薯。

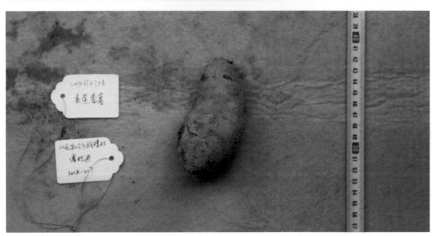

第二章
# 蔬菜作物

# 01 铁苕
### 编号：2018334325

【作物名称】薯蓣，学名 *Dioscorea opposita* Thunb.，薯蓣科薯蓣属缠绕草质藤本植物，别名山药、山芋等，生长于山坡、山谷林下，溪边、路旁的灌木丛中或杂草中。块茎富含淀粉，可供蔬食，也常用作中药，入药能补脾胃亏损，治气虚衰弱、消化不良等。

【品种名称】铁苕，又名山药。

【来源分布】仙居农家品种，有 60 多年的栽培历史，本次普查仅在安岭乡和朱溪镇有零星发现。

【特征特性】蔓生作物，缠绕茎长 2～3 米，茎蔓方形有棱翅，右旋，分枝多，细；叶绿色，对生，箭形，叶面光滑，叶柄细长；4 月中旬（清明后）播种，11 月收获，全生育期 200 天左右；耐热耐寒，不耐涝，抗病虫害能力强；块根长 20 多厘米，较粗，重 1.0～2.0 千克，皮褐色，密生根毛，耐贮藏；肉质白色，紧实，黏液多，富含淀粉，营养丰富，质细味甜，品质优，具有保健食疗功效，宜煮食或炖汤。

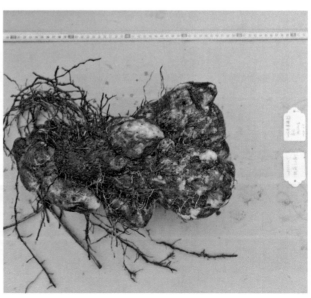

# 02 红花芋

**编号：2018334355**

【作物名称】芋，学名 *Colocasia esculenta* (L.) Schott.，天南星科芋属多年生、湿生草本植物，作一年生植物栽培。

【品种名称】红花芋，又名红火芋。

【来源分布】仙居农家品种，种植历史悠久，本次普查在安岭乡雅楼村发现少量种植。

【特征特性】株高 130～150 厘米，分蘖力强，开展度 60 厘米×80 厘米，叶盾形，长 50 厘米，宽 42 厘米，表面光滑，正面深绿色，背面浅绿，叶柄长 135 厘米，宽 7 厘米，浅绿色带紫红。母芋近圆形，长 9 厘米，横径 8.5 厘米，重 550 克；单株有子孙芋 10～20 个，孙芋比子芋多，子芋形似母芋。芋衣棕褐色，肉质粉红色，嫩芽浅红色。晚熟，4 月上旬播种，10 月中旬到 11 月收获，全生长期 200～210 天。抗性好，耐热、耐旱性强。子孙芋、母芋均可食用，肉质粉，风味佳，品质好，耐贮藏，宜煮食，可与稀饭同煮，仙居人尤其喜欢用来烧咸酸饭和煮面条。

# 03 早芋
编号：**2018334354**

【作物名称】芋，学名 *Colocasia esculenta* (L.) Schott.，天南星科芋属多年生、湿生草本植物，作一年生植物栽培。

【品种名称】早芋，又名乌脚芋。

【来源分布】地方农家品种，种植历史悠久，仙居各地均有零星种植。本次普查在官路镇谷坦村石头坦自然村发现少量种植。

【特征特性】株高 130～150 厘米，开展度 60 厘米 ×80 厘米，分蘖中等，叶盾形，长 50 厘米，宽 43 厘米，正面深绿色，叶柄长 130～140 厘米，横径 6 厘米，中下部紫红色，母芋近圆形，长 11 厘米，横径 12 厘米，重 500～700 克，单株有子孙芋 20～30 个，子芋长卵形，长 7 厘米，横径 5 厘米，重 75 克，以子孙芋供食用，母芋质硬多作饲料，芋衣黄褐色，肉白色，芽紫白色，单株球茎 1 650 克。4 月上旬播种，8 月下旬至 10 月上旬收获，播种至初收 140 天。旱栽，耐热，耐湿，不耐干旱和涝渍，抗病性强。肉质软、糯、滑，味较淡，品质中等。特早熟，稳定，高产，子芋商品性好，淡季上市。不耐贮藏。

# 04 独自人芋
## 编号 2018334324

【作物名称】芋，学名 *Colocasia esculenta* (L.) Schott.，天南星科芋属多年生、湿生草本植物，作一年生植物栽培。

【品种名称】独自人芋，又名大芋头、和尚芋。

【来源分布】仙居农家品种，种植历史悠久，目前只在朱溪镇、官路镇等地发现少量种植。

【特征特性】株高 150 ～ 200 厘米，开展度 90 厘米 × 95 厘米，分蘖中等偏弱，叶盾形，绿色，长 60 厘米，宽 55 厘米，叶面光滑，叶缘无缺刻，叶柄绿色，长 140 ～ 190 厘米，基宽约 8 厘米。母芋长椭圆形，芋衣褐色，肉浅粉红，间有纵向紫红色丝状纤维，长 15 ～ 20 厘米，直径 12 ～ 15 厘米，单株球茎重 900 克左右，单株有子芋 8 ～ 12 个，重约 500 克，以食母芋为主，子芋也可食，母芋质粉，村民喜欢用来烧咸酸饭，酒店可用于制作芋夹肉。单株产量约 1 400 克，单产 1 300 ～ 1 500 千克 / 亩。2 月下旬播种，9 月底至 10 月初成熟，有时 9 月底收获后即埋地下，可早熟。耐热，较耐旱，不耐寒，抗病性强。耐贮藏。

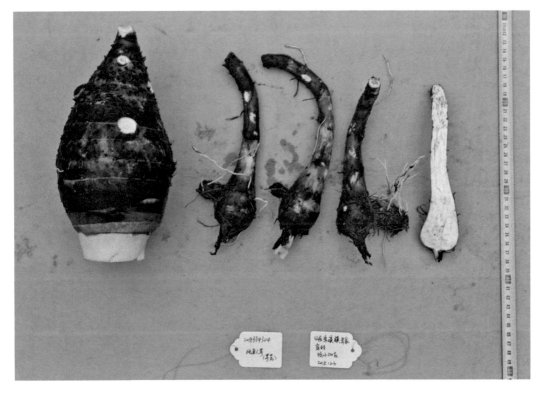

# 05 柴家子芋
编号：**2018334255**

【作物名称】芋，学名 *Colocasia esculenta* (L.) Schott.，天南星科芋属多年生、湿生草本植物，作一年生植物栽培。

【品种名称】柴家子芋。

【来源分布】在官路镇谷坦村扛桥田自然村发现，据种植者介绍，此芋种为其爷爷开始种植，有 50 多年种植历史。

【特征特性】株高 100 厘米左右，开展度 60 厘米 ×80 厘米，分蘖性差，叶盾形，长 50 厘米，宽 40 厘米，正面深绿色，背面浅绿色，叶缘无缺刻，叶柄长 90 厘米，横径 10 厘米。母芋大，近圆形，长 13 厘米，横径 12 厘米，单个重 900 克左右；子芋少，鸡蛋大小，长椭圆形，每株 5～6 个，长 7 厘米，横径 5 厘米，单个重 70 克左右。芋衣棕褐色，芋眼大，嫩芽红色。中晚熟，全生育期 180～190天。母芋肉质粉，子芋口感糯，风味俱佳。耐贮藏。

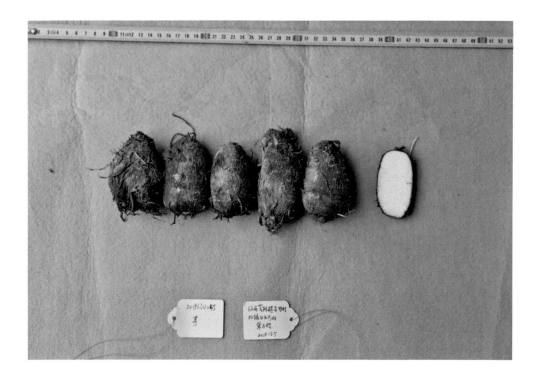

# 06 生姜芋
### 编号：2018334272

【作物名称】芋，学名 *Colocasia esculenta* (L.) Schott.，天南星科芋属多年生、湿生草本植物，作一年生植物栽培。

【品种名称】生姜芋，又名牛踏芋。

【来源分布】仙居农家品种，栽培历史悠久。在官路镇谷坦村扛桥田自然村发现，据种植者介绍，此芋种为其爷爷初次种植。

【特征特性】株高110～125厘米，分蘖性强，开展度60厘米×80厘米，叶盾形，长35厘米，宽30厘米，表面光滑，叶正面深绿色，背面浅绿色，叶柄长120厘米，宽4厘米，深绿带紫红色。多头芋不规则，母芋、子芋结成块。芋衣褐色，肉白色，嫩芽紫红色，单株球茎重1千克左右。晚熟，旱芋，生长期190～200天，耐热、耐干旱，抗病性强。子芋、母芋均可食用，质粉含水分少，品质优，耐贮藏，宜炒食或煮食。

# 07 洋姜
## 编号：2018334359

【作物名称】菊芋，学名 *Helianthus tuberosus* Linn.，菊科向日葵属多年宿根性草本植物。

【品种名称】菊芋，又名洋姜、红毛姜芋。

【来源分布】仙居农家品种，栽培历史悠久，各地零星种植。

【特征特性】高 1 ～ 3 米，有块状的地下茎及纤维状根。茎直立，有分枝，被白色短糙毛。叶通常对生，有叶柄，上部叶互生，下部叶卵圆形或卵状椭圆形。头状花序较大，单生于枝端，有 1 ～ 2 个线状披针形的苞叶，直立，舌状花通常12 ～ 20 个，舌片黄色，开展，长椭圆形，管状花花冠黄色，长 6 毫米。瘦果小，楔形，上端有 2 ～ 4 个有毛的锥状扁芒。花期 8—9 月。地下块茎多头，不规则，形状像生姜，富含淀粉、菊糖等果糖多聚物，可以食用，或腌制咸菜、晒制菊芋干、制取淀粉和作为酒精原料等。质脆爽口，品质好，耐贮藏，但产量低。

# 08 魔芋
编号：**2018334360**

【作物名称】魔芋，学名 *Amorphophallus rivieri* Durieu，天南星科魔芋属多年生宿根草本植物。

【品种名称】魔芋，又名西乌。

【来源分布】野生品种，历史悠久，在仙居山区乡镇均有发现。

【特征特性】魔芋属于被子植物门、单子叶植物纲，是具有球茎的多年生草本植物。绝大多数魔芋生长于平均温度16℃，海拔800米以上的亚热带山区或丘陵地区。我国已记载的魔芋属种有30种，药食兼用的魔芋有8种，具有研究开发价值的魔芋品种为花魔芋和白魔芋。魔芋具有降血糖、降血脂、降血压、散毒、养颜、通脉、减肥、通便、开胃等多种功能，是健康食品。魔芋全株有毒，以块茎为最，不可生吃，需加工后方可食用。魔芋叶柄粗壮，圆柱形，淡绿色，有暗紫色斑，里面是白色的。株高40～70厘米，一株只长一叶，羽状复叶，叶柄粗长似茎，开花紫红色，有异臭味。地下球茎圆形，为食用部分，含有丰富的碳水化合物，热量低，蛋白质含量高于马铃薯和甘薯，微量元素丰富，还含有维生素A、维生素B等，特别是葡萄甘露聚糖含量丰富，具有多种的用途。除医学、食品保健外，在纺织、印染、化妆、陶瓷、消防、环保、军工、石油开采等方面都有广泛的用途。

# 09 小莲生姜
**编号：2018334256**

【作物名称】生姜，学名 *Zingiber officinale* Rosc.，姜科姜属多年生草本植物。

【品种名称】小莲生姜。

【来源分布】仙居农家品种，种植历史悠久，目前只在官路镇谷坦村扛桥田自然村发现。

【特征特性】株直立，高 60～80 厘米。根茎肥厚，多分枝，茎基部红色，有芳香及辛辣味。每茎有叶片 12 张左右，叶片披针形，无柄，互生，绿色，长 20 厘米、宽 2.5 厘米，叶舌膜质。肉质茎发达，分枝多，并排成丛。姜块皮淡黄，嫩芽淡红色，皮光滑，肉质蜡黄色。根茎供药用，鲜品或干品可作烹调配料或制成酱菜、糖姜。茎、叶、根茎均可提取芳香油，用于食品、饮料及化妆品香料中。本品种辛香味特别浓郁，节块多，种下去后老姜不烂，越生越多。

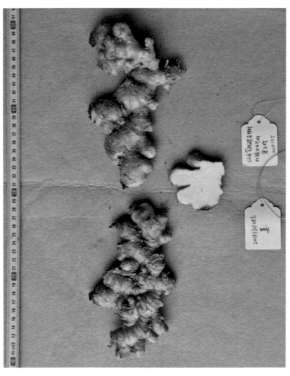

# 10 仙居藠柱
编号：2018334269

【作物名称】藠头，学名 *Allium chinense* G. Don，百合科葱属多年生鳞茎植物。

【品种名称】仙居藠柱。

【来源分布】仙居农家品种，栽培历史悠久，仙居各地零星种植。

【特征特性】株高 45～55 厘米，分蘖力强，一个鳞茎一般可分蘖成 15～20 个，多的可达 50 个，叶三角形，中空，长 40～55 厘米，粗 1.5～1.8 厘米，绿色，叶鞘长 7 厘米，鳞茎白色。单个鳞茎重 12.5～16.5 克，迟熟，耐旱性强，耐热性和耐寒性中等，不耐涝，肉质细嫩，微辣，用盐渍或醋渍后质脆味好。

# 11 仙居大葱
## 编号：2018334270

【作物名称】葱，学名 *Allium fistulosum* L.，百合科葱属多年生草本植物。

【品种名称】仙居大葱。

【来源分布】仙居农家品种，栽培历史悠久，仙居各地零星种植。

【特征特性】株高 60 厘米，分蘖力强，单株可分蘖成 15 ~ 25 个分枝，叶粗管状，长 60 厘米，横径 1.8 厘米，绿色，鳞茎纵径 4 ~ 5 厘米，横径 2.5 厘米，单个鳞茎重约 15 克，迟熟，耐寒性强，外皮紫红色，肉白色。嫩的时候吃叶，老的时候吃葱头（根部），炒菜、煮面、做海鲜时均可添放。

# 12 分葱
编号：**2018334361**

【作物名称】葱，学名 *Allium fistulosum* L.，百合科葱属多年生草本植物。

【品种名称】分葱，又名拍葱（音）。

【来源分布】仙居农家品种，栽培历史悠久，仙居各地零星种植。

【特征特性】植株直立，株高30厘米，丛开展度18厘米×22厘米，分蘖性强，单株能分成7～14株，单株有叶3、4片，叶细管状，圆筒形，长25厘米，粗0.7厘米，绿色，假茎圆筒形，长6～7厘米，粗0.6～0.7厘米，白色。不开花结籽，为分株繁殖。生长期60～70天，耐热，耐寒，抗病，辛辣味浓，品质佳。

# 13 仙居大蒜
## 编号：2018334299

【作物名称】大蒜，学名 *Allium sativum* L.，百合科葱属多年生草本植物。大蒜鳞茎中含有丰富的蛋白质、低聚糖和多糖类，另外还有脂肪、矿物质等，具有多方面的生物活性，长期食用可起到防病保健作用。

【品种名称】仙居大蒜。

【来源分布】仙居农家品种，栽培历史悠久，仙居各地零星种植。

【特征特性】株高 50 ～ 60 厘米，蒜薹细而长，可达 50 厘米，叶片绿色，直立。蒜头个小，扁圆形，横径 3 ～ 4 厘米，每个蒜头有 8 ～ 10 个瓣粒，瓣粒小，白皮白肉。蒜瓣生吃入口即有辣感，辣味重。一瓣可以长成一株，结一果。

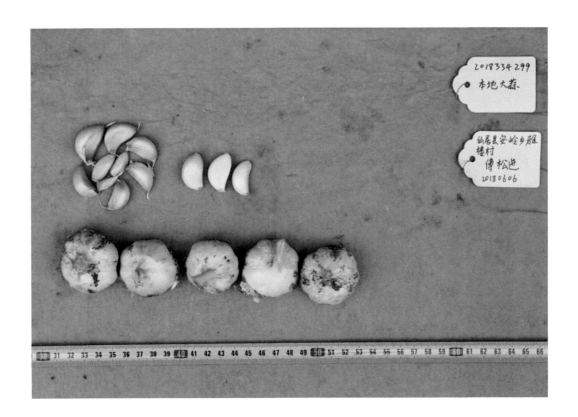

# 14 葫芦瓜
编号：**2018334273**

【作物名称】瓠瓜，学名 *Lagenaria siceraria*（Molina）Standl. var. *depressa*（Ser.）Hara，葫芦科葫芦属一年生蔓性草本植物。

【品种名称】葫芦瓜。

【来源分布】仙居农家品种，栽培历史悠久，本次普查在官路镇谷坦村石头坦自然村发现有少量种植。

【特征特性】蔓生作物，茎长可达 3～4 米，叶互生，呈心脏形，雌雄异花同株，花冠白色，瓜皮绿色，葫芦形，一棵可结瓜 10 来个，无苦味，鲜甜，籽粒很多，嫩时可做菜，做汤，老了可做水瓢。

# 15 冬蒲
编号：2018334346

【作物名称】瓠瓜，学名 *Lagenaria siceraria*（Molina）Standl. var. *depressa*（Ser.）Hara，葫芦科葫芦属一年生蔓性草本植物。

【品种名称】冬蒲。

【来源分布】仙居农家品种，栽培历史悠久，本次普查在福应街道东溪村桐桥自然村发现，种源来自广度乡寺加坑村。

【特征特性】植株藤蔓密生软毛，具卷须，匍匐或攀附他物生长，叶互生，心形，雌雄异花同株，花冠白色。瓜皮淡绿色，表皮光滑，瓜肉白色；生长势强，结果性好，瓜长筒形，一般 40 厘米左右，最长可超 60 厘米，单瓜重 1 500 ～ 2 500克。中晚熟品种，7—8 月开始收获，一直到 11 月（霜冻前）。产量高，抗病性好，品质优。

# 16 金瓜
编号：**2018334276**

【作物名称】南瓜，学名 *Cucurbita moschata* (Duch. ex Lam.) Duch. ex Poiret，葫芦科南瓜属的一个种，一年生蔓生草本植物。

【品种名称】金瓜，又名大金瓜。

【来源分布】仙居农家品种，有 30 多年的栽培历史，本次普查在官路镇谷坦村石头坦自然村发现。

【特征特性】茎节部生根，叶柄粗壮，叶片宽卵形，质稍柔软，叶脉隆起，卷须稍粗，雌雄同株，果梗粗壮，有棱和槽，长 5 ～ 7 厘米，瓜蒂扩大成喇叭状；瓠果扁圆形，外面有数条纵沟，种子多数，长卵形，灰白色，边缘薄，长 10 ～ 15 毫米，宽 7 ～ 10 毫米。瓜很大，金黄时采，作菜肴，炒南瓜籽，亦可代粮食、饲料。煮了肉质软烂，有点甜。产量高，但品质不好，以前用来喂猪。

# 17 白皮冬瓜
编号：**2018334301**

【作物名称】冬瓜，学名 *Benincasa hispida* (Thunb.) Cogn.，葫芦科冬瓜属一年生蔓生或架生草本植物。茎被黄褐色硬毛及长柔毛，有棱沟，叶柄粗壮，被粗硬毛和长柔毛，雌雄同株，花单生，果实长圆柱状，大型，有硬毛和白霜，种子卵形。冬瓜果实除作蔬菜外，也可浸渍为各种糖果；果皮和种子药用，有消炎、利尿、消肿的功效。

【品种名称】白皮冬瓜。

【来源分布】仙居农家品种，有 60 多年的栽培历史，本次普查在安岭乡雅楼村发现。

【特征特性】长势旺，分枝性较强。叶心脏形，缺刻浅，茎叶密生白色茸毛。主、侧蔓均能结瓜，瓜短圆筒形，长 60 厘米，直径 30 厘米，腹腔较大，白皮，有白绒毛，蜡质，单瓜重 5 千克以上。晚熟，全生育期 150 天左右。耐旱，耐肥，耐热，抗病性中等，不易得日灼病。肉质粉，种子多，成熟内空。产量高，品质中等。

# 18 长天萝
编号：**2018334275**

【作物名称】丝瓜，学名 *Luffa cylindrica* (L.) Roem.，葫芦科丝瓜属一年生攀援藤本植物。

【品种名称】长天萝。

【来源分布】仙居农家品种，栽培历史悠久，本次普查在官路镇谷坦村石头坦自然村发现。

【特征特性】蔓生作物，茎长可达 3 ～ 4 米，茎、枝粗糙，有棱沟，被微柔毛，卷须稍粗壮，被短柔毛，叶柄粗糙，近无毛，叶互生，呈心脏形，绿色，粗糙。雌雄异花同株，花黄色，子房长圆柱状，有柔毛，柱头膨大。果实长筒形，可长达 70 ～ 80 厘米，一棵结瓜 10 来个，直或稍弯，瓜皮绿色，表面平滑，通常有深色纵条纹，未熟时肉质，成熟后干燥，里面呈网状纤维，称丝瓜络。种子多数，黑色，卵形，平滑，边缘狭翼状。花果期为夏、秋季。果为夏季蔬菜，鲜甜，无苦味，籽粒很多，嫩时可做菜，做汤，老熟时在农村习惯制作成锅刷，可代替海绵用作洗刷灶具及家具。

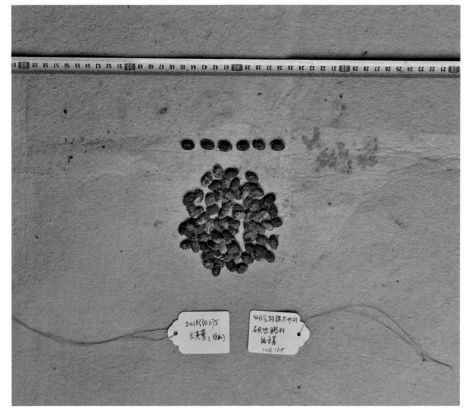

# 19 八角天萝
编号：**2018334348**

【作物名称】丝瓜，学名 *Luffa cylindrica* (L.) Roem.，葫芦科丝瓜属一年生攀缘藤本植物。

【品种名称】八角天萝，又名花萝。

【来源分布】仙居农家品种，栽培历史悠久，仙居各地均有零星种植。

【特征特性】主蔓生长势强，第一雌花节位 8 ～ 10 节，主侧蔓均结瓜，结瓜性好，产量高。掌状叶，叶色深绿。雌雄异花同株，花嫩黄色，丝瓜表皮有 8 ～ 10 条棱角，绿色，瓜长 20 ～ 40 厘米，肉绿色，质脆、鲜、爽口，品质优，外观有棱角，开花期晚、结果晚。

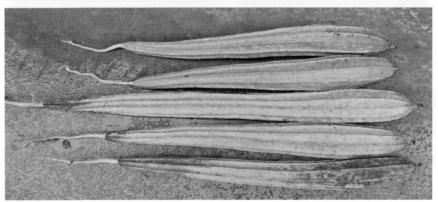

# 20 刺瓜
编号：**2018334302**

【作物名称】佛手瓜，学名 *Sechium edule* (Jacq.) Swartz，葫芦科佛手瓜属多年生蔓生草本植物。

【品种名称】刺瓜，又名千斤瓜。

【来源分布】佛手瓜起源于墨西哥和中美洲，早年引入国内，在仙居有 60 多年的栽培历史，本次普查在各乡镇均有零星发现。

【特征特性】属短日照蔓生作物，攀缘或人工架生，长势旺，分枝性强，茎蔓有棱沟，主蔓可达 10 米以上，以侧蔓结瓜为主，侧蔓第 8 至第 10 节出现雌花。瓜梨形，稍扁，长 10 厘米，横径 9 厘米，单瓜重约 400 克，瓜皮乳白色，粗糙，有 10 条较深纵沟，如人双手合十，外皮有稀疏短硬刺，内有种子一粒，卵形，种皮白色。晚熟，高产，易栽培，一次种植可多年收获（一般三年），肉白色脆嫩，味略甜，贮藏性极好，可凉拌，煮食或炒食，品质较好。耐热性、耐寒性、耐旱性和抗风能力均较弱。

# 21 大头菜

编号：**2018334328**

【作物名称】根用芥菜，学名 *Brassica juncea*（Linnaeus）Czernajew，十字花科芸薹属芥菜种变种，二年生草本植物。

【品种名称】大头菜，又名芜菁。

【来源分布】仙居农家品种，栽培历史较长，一度种植面积较大；随着人们生活水平的提高，现种植面积已经不多，本次普查在埠头镇小屋基村发现。

【特征特性】株高约 50 厘米，开展度 45 厘米 ×50 厘米；叶缘波状，叶色浓绿，有 1～4 对裂叶，叶面有少量蜡粉，叶柄淡绿色。肉质根近球形，地上部分浅绿色或紫红色，入土部分淡黄色，肉淡黄色，单株肉质根重 500～1 500 克，大的可达 2 千克；晚熟，全生育期 120 天左右，耐热，耐寒，病虫害轻，容易栽培，适应性广，产量高；肉质致密，微甘，耐贮藏，鲜食或腌制均可。亦可做畜牧饲料。

# 22 白萝卜
编号：**2018334333**

【作物名称】萝卜，学名 *Raphanus sativus* L.，十字花科萝卜属一年生或二年生草本植物。以肥大的肉质根供食用，营养丰富。肉质根中含淀粉酶可助消化；含芥辣油，使其别具风味；肉质根和种子均含莱菔子素，有祛痰、止泻、利尿等功效。萝卜可生食、炒食、腌制和干制，是主要蔬菜之一。

【品种名称】白萝卜，又名莱菔。

【来源分布】仙居农家品种，有 100 多年的栽培历史。随着国内外优良品种的不断引进，该品种种植面积已经不多，本次普查在埠头镇小屋基村发现。

【特征特性】株型直立，株高 40 厘米左右，开展度 45 厘米 ×50 厘米；花叶，叶缘有浅齿、叶色淡绿。肉质根上部细，下部肥大，长 20 ～ 30 厘米，皮和肉均白色，单株重 500 克左右。早熟，抗病耐肥，肉质致密，含水分中等，品质佳，稍有辣味，宜炒食、腌制。熟期早，适应性广，产量高，品质好，耐贮藏。

# 23 半截红
编号：**2018334334**

【作物名称】萝卜，学名 *Raphanus sativus* L.，十字花科萝卜属一年生或二年生草本植物。

【品种名称】半截红，又名红萝卜。

【来源分布】仙居农家品种，有 100 多年的栽培历史；随着人们生活水平提高，种植面积已经不多，本次普查在埠头镇小屋基村发现。

【特征特性】株型直立，株高 30 ~ 35 厘米，开展度 20 厘米 ×30 厘米。叶倒披针形，花叶，绿色。肉质根圆柱形，上部红皮、下部入土部分白皮，白肉，外观鲜艳、光滑，品质好，单根重 250 ~ 400 克，一般单产 1 700 千克 / 亩左右。早熟，本田生育期 60 ~ 70 天，耐湿热，抗病、丰产。适应性广，抗逆性强，肉质细，品质优。耐贮藏，鲜食或酱制均可。

# 24 红筋圆角金豆
编号：**2018334362**

【作物名称】菜豆，学名 *Phaseolus vulgaris* Linn.，豆科菜豆属一年生缠绕或近直立草本植物。

【品种名称】红筋圆角金豆，又名四季豆、刀豆。

【来源分布】仙居农家品种，栽培历史悠久，主要分布在上张、广度、官路等乡镇。

【特征特性】根系发达，植株蔓生，长 3 ～ 4 米，生长势强，分枝较多，花冠粉红色，嫩荚长圆条形，稍扁，浅绿色；老荚表面均匀分布粉红色条状斑点，横断面近椭圆形，单荚果重 10 ～ 15 克；荚长 13 ～ 18 厘米，每荚种子数 6 ～ 7 粒，种粒之间间隔较大；籽粒褐色有黑色弯曲状条纹，百粒重 28 克。中熟，出苗后约 50 天可采收，嫩荚纤维少、嫩、味甜、品质佳，喜温暖，怕寒，又不耐高温，对土壤的适应性较强，宜栽培在排水良好、土层深厚、含钾多、不缺磷的微酸性土壤，忌与豆科作物连作。鲜荚产量 1 000 ～ 1 500 千克 / 亩。

# 25 矮脚金豆
编号：**2018334327**

【作物名称】菜豆，学名 *Phaseolus vulgaris* Linn.，豆科菜豆属一年生缠绕或近直立草本植物。

【品种名称】矮脚金豆，又名四季豆。

【来源分布】仙居农家品种，有 100 多年的栽培历史，本次普查仅在埠头镇小屋基村发现。

【特征特性】矮生型，株高 60 厘米，生长势较强。花浅紫色，嫩荚绿色，扁圆形，长 12～14 厘米，肉厚，质脆，纤维少，品质优。适应性强，宜间作。早熟，结荚期较短。3—8 月均可播种，6 月底至立冬采收，一年多茬。一般鲜荚产量 500～750 千克 / 亩。

# 26 白皮八月豇

编号：**2018334318**

【作物名称】豇豆，学名 *Vigna unguiculata* (Linn.) Walp.，豆科豇豆属一年生缠绕草本植物。

【品种名称】白皮八月豇，又名白更。

【来源分布】仙居农家品种，种植历史悠久，全县各地均有种植。

【特征特性】蔓生，蔓长 185 厘米，茎绿白色，节间长 28 厘米，叶绿色，花白色，间有紫红色条纹，第一花序着生在主蔓第 2 ～ 3 节，单株结荚 75 个，荚长 36 厘米，宽 0.8 厘米，厚 0.8 厘米，单荚重约 25 克，荚圆条形，先端粗短，尖弯，荚面较平，白色，每荚种子 17 粒，种子肾形，种皮表面光滑，棕色，无斑纹，种脐浅红色。中熟，播种至采收 75 ～ 110 天，耐热、怕寒，较耐湿，不怕旱，品质好。

# 27 花皮八月豇
编号：**2018334319**

【作物名称】豇豆，学名 *Vigna unguiculata* (Linn.) Walp.，豆科豇豆属一年生缠绕草本植物。

【品种名称】花皮八月豇，又名花更。

【来源分布】仙居农家品种，种植历史悠久，全县各地均有种植。

【特征特性】蔓生，蔓长 210 厘米，茎绿色，节间长 18 厘米，小叶菱形，长 14.5 厘米，宽 9.5 厘米，绿色，第一花序着生在主蔓第 2～3 节，花大、白色，有紫色条纹，每花序结荚 2～4 条，单株结荚 70 条左右，荚长 39 厘米，单荚重约 13.5 克，横切面扁圆，荚面凸，荚色紫白相间，有紫色斑纹，每荚种子 19 粒，种子肾形，种皮表面光滑，棕色，无斑纹，种脐紫黑色。中熟，播种至采收 80～110 天，耐寒性弱，耐热性强，耐旱，抗涝性中等，以鲜食为主，品质好。

# 28 红皮八月豇
编号：**2018334320**

【作物名称】豇豆，学名 *Vigna unguiculata* (Linn.) Walp.，豆科豇豆属一年生缠绕草本植物。

【品种名称】红皮八月豇，又名红更。

【来源分布】仙居农家品种，种植历史悠久，全县各地均有种植。

【特征特性】蔓生，蔓长 220 厘米，茎绿白色，节间长 25 厘米，叶绿色，花紫红色，间有紫红色条纹，第一花序着生在主蔓第 5 ～ 6 节，每花序结荚 2 ～ 3 条，单株结荚 75 个，荚长约 40 厘米，荚肥厚，宽 1 厘米，厚 0.8 厘米，单荚重约 25 克，嫩荚圆条形，先端粗短，尖弯，荚面较平，红色，每荚种子 20 粒，种子肾形，种皮表面光滑，棕色，无斑纹，种脐浅红色。中熟，播种至采收 80 ～ 110 天，耐热、怕寒，较耐湿，不怕旱，品质好。

# 29 白扁豆
编号：**2018334283**

【作物名称】扁豆，学名 *Lablab purpureus*（Linn.）Sweet，豆科扁豆属多年生缠绕藤本植物。

【品种名称】白扁豆。

【来源分布】仙居传统农家品种，栽培历史悠久。由于产量低，目前种植面积很小，本次普查仅在官路镇谷坦村石头坦自然村发现。

【特征特性】蔓生型，蔓长 5～8 米，茎蔓缠绕生长，茎叶、柄及叶脉均为绿色，花萼绿色，花初为黄色，后白色，嫩荚绿色，成熟后褐色，种子白色。晚熟，全生育期 160～180 天，耐阴，耐瘠，耐干旱，抗病虫害能力强，对土壤适应性广，易栽培。每荚 3～5 颗种子，采收期至少一个月。白扁豆是仙居传统美食"八大碗"中的一碗。

# 30 红荚扁豆
编号：**2018334363**

【作物名称】扁豆，学名 *Lablab purpureus*（Linn.）Sweet，豆科扁豆属多年生缠绕藤本植物。

【品种名称】红荚扁豆。

【来源分布】仙居地方品种，栽培历史悠久，全县各地零星种植。

【特征特性】蔓生，长势旺，分枝力强，茎、叶、叶柄、叶脉紫红色；小叶呈阔卵圆形，长 12 厘米，宽 14 厘米，绿色；首花着生在第 14～15 节上，以后节节现花，花紫红色，每一花序着生 20～30 朵花，结荚 10～20 只；荚镰刀形，长 8 厘米，宽 2.2 厘米，厚 1.1 厘米，表面紫红色，扁平光滑，每荚含种子 5 粒。属晚熟品种，全生育期 180～210 天，耐旱、耐湿，抗病力强，易栽培，嫩荚供炒食，肉薄，单荚重 6～12 克，品质较差。

# 31 金针
编号：**2018334304**

【作物名称】黄花菜，学名 *Hemerocallis citrina* Baroni，百合科萱草属多年生宿根草本植物。黄花菜质嫩味鲜，营养丰富，含有丰富的花粉、糖、蛋白质、维生素C、钙、脂肪、胡萝卜素、氨基酸等人体所必需的养分。

【品种名称】金针。

【来源分布】仙居农家品种，栽培历史悠久，种植范围广。现各地有零星种植，基本已呈野生状态。

【特征特性】该品种叶狭长，对生于短缩茎节上，叶鞘抱合成扁阔的假茎。花葶由叶丛中抽出，葶高 80～120 厘米，每一花葶陆续开 20～60 朵花，花基部合生呈筒状，上部分裂为 6 瓣，淡黄、黄绿或黄色，雄蕊 6 枚，雌蕊 1 枚，蒴果很少，每一果实内含种子 10～20 粒，种子黑色有光泽，千粒重 20～25 克。对生长环境要求不高，耐瘠、耐旱、耐阴，在坡地、沙滩上均可生长，也可利用桑园、果园间作套种。5 月下旬至 6 月上中旬开始采摘，采收期达 50 天以上。种植后可以连续采收多年，以第 8 至第 15 年间产量高而稳定，可年产干花 50 千克/亩左右。黄花菜营养丰富，是仙居鸡煲、浇头面、八大碗的主要食材之一。

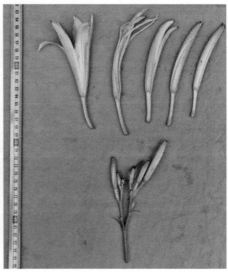

# 32 野生金针

编号：**2018334305**

【作物名称】黄花菜，学名 *Hemerocallis citrina* Baroni，百合科萱草属多年生宿根草本植物。

【品种名称】野生金针，又名野金针、红金针。

【来源分布】仙居农家品种，栽培历史悠久。本次普查在安岭乡雅楼村有种植发现。

【特征特性】6 月开花，花期一个月，比本地金针花期短。花瓣短，有突起，外橙内红，共 6 片。花药紫色，有 6 个，未开到成熟期间，花色加深。根系不深，肉质根，粗细均匀。对生长环境要求不高，耐瘠、耐旱、耐阴，在坡地、滩地上均可生长。

# 33 高脚白
编号：**2018334364**

【作物名称】青菜，学名 *Brassica rapa* var. *chinensis* (Linnaeus) Kitamura，十字花科芸薹属一年生草本植物。

【品种名称】高脚白，又名长梗白菜。

【来源分布】仙居农家品种，栽培历史悠久，全县各地均有种植。

【特征特性】植株较直立，高 45～54 厘米，开展度 40 厘米 ×45 厘米；单株叶片 10～13 张，花叶，叶片全裂，裂叶 3～5 对，叶长 50 厘米，宽 7～9 厘米，叶面光滑无毛，淡绿色；叶柄白色，横切面近圆形，叶柄长 30～35 厘米、宽 1.5 厘米、厚 1.3 厘米，叶柄基部向上按一定方向扭曲；单株重 300～1 000 克。早中熟，生长期 70 天左右；该品种喜温暖，较耐热，抗病虫，对土肥要求不严，易栽培，适于加工腌制。鲜菜产量 2 000～3 000 千克 / 亩。

# 34 皱皮芥
编号：**2018334349**

【作物名称】芥菜，学名 *Brassica juncea* (L.) Czern. et Coss.，十字花科芸薹属一年生草本植物。

【品种名称】皱皮芥，又名泡婆芥。

【来源分布】仙居农家品种，有 100 多年的栽培历史，各地有零星种植。

【特征特性】成熟株高 70 厘米，开展度 80 厘米×80 厘米，株型半直立；叶片倒卵形，长 72 厘米，宽 37 厘米，叶缘波状，有细锯齿，无缺刻，叶面皱缩，无蜡粉和刺毛，叶色深绿；叶柄宽厚，长 4 厘米、宽 5 厘米、厚 1.8 厘米，淡绿色。迟熟，耐寒性强，耐涝不耐旱，易罹蚜虫、菜青虫、潜叶绳。稍有香味，品质上等，食用叶片和菜薹。适应性广，抽薹较晚，产量高，收获期长，可改善春淡蔬菜供应。8 月上中旬播种，8 月下旬至 9 月上旬定植，10 月中旬至翌年 4 月下旬分次采叶。

# 35 鸡啄肖
编号：**2018334350**

【作物名称】芥菜，学名 *Brassica juncea* (L.) Czern. et Coss.，十字花科芸薹属一年生草本植物。

【品种名称】鸡啄肖，又名花叶芥。

【来源分布】仙居县农家品种，有 100 多年的栽培历史，本次普查仅在埠头镇小屋基村发现。

【特征特性】成熟株高 55 厘米，开展度 65 厘米 ×65 厘米，株型半直立；叶片倒披针形，长 62 厘米，宽 25 厘米，叶缘呈不规则细锯齿状，羽状全裂，有 20～25 对小裂叶，无蜡粉和刺毛，叶色深绿；叶柄长 3.5 厘米，宽 0.9 厘米，浅绿色，叶片像雪花，叶边缘卷曲。迟熟，全生育期 160 天左右。耐寒性强，耐旱不耐涝，适宜腌制，品质好，有香味。

# 36 大叶肖
编号：**2018334365**

【作物名称】芥菜，学名 *Brassica juncea* (L.) Czern. et Coss.，十字花科芸薹属一年生草本植物。

【品种名称】大叶肖，又名粗叶肖。

【来源分布】仙居农家品种，栽培历史悠久，全县各地均有种植。

【特征特性】成熟株高 55 厘米，株型直立，株顶平展。分蘖性强，叶倒卵形，长 65 厘米，宽 24 厘米，叶缘呈不规则锯齿状，羽状全裂，有 13 ～ 14 对小裂叶，叶片皱缩，无蜡粉和刺毛，叶色深绿；叶柄长 4 厘米，宽 1 厘米，厚 1.3 厘米，单株叶片 100 多张，单株重约 1 600 克。迟熟，全生育期 160 天左右。耐寒性强，不耐涝，适宜腌制。

# 37 小叶肖
**编号：2018334366**

【作物名称】芥菜，学名 *Brassica juncea* (L.) Czern. et Coss.，十字花科芸薹属一年生草本植物。

【品种名称】小叶肖，又名细叶肖。

【来源分布】仙居农家品种，栽培历史悠久，全县各地均有种植。

【特征特性】成熟株高 53 厘米，开展度 65 厘米 ×65 厘米，株型直立，株顶平展。分蘖力中等，叶倒披针形，长 61 厘米，宽 23 厘米，叶缘呈不规则锯齿状，羽状全裂，有 18 ～ 25 对小裂叶，叶片皱缩，无蜡粉和刺毛，叶色深绿；叶柄长 3.5 厘米，宽 0.9 厘米，厚 1.2 厘米，单株重约 1 300 克。迟熟，全生育期 160 天左右。耐寒性强，耐旱不耐涝，适宜腌制，品质好，有香味。

# 38 黄肖
编号：**2018334347**

【作物名称】芥菜，学名 *Brassica juncea* (L.) Czern. et Coss.，十字花科芸薹属一年生草本植物。

【品种名称】黄肖，又名雪里蕻。

【来源分布】仙居地方品种，有较长的栽培历史，全县各地零星种植。

【特征特性】株高 50 厘米，开展度 50 厘米 ×50 厘米，株型半直立；分蘖性强，成株有 25 ～ 30 个分枝；叶长椭圆形，长 48 厘米，宽 16 厘米，叶缘呈锯齿状小裂片，下部全裂 6 ～ 8 对，叶面平滑，黄绿色。早熟品种，播种至采收 90 天左右，耐寒性稍差，单株重 600 克，抽薹开花早，品质佳，宜腌渍加工，贮藏期长。

# 39 空心菜

编号：**2018334367**

【作物名称】蕹菜，学名 *Ipomoea aquatica* Forsskal.，旋花科番薯属一年生草本植物。

【品种名称】空心菜。

【来源分布】仙居农家品种，栽培历史悠久，全县各地均有种植，面积不大。其供应期较长，是解决秋淡的主要蔬菜种类之一。

【特征特性】植株蔓性，分枝性强，茎圆柱形，有节，节间中空，节上生根，无毛。茎色淡绿，粗 0.8 厘米，横切面近圆形，空心，节间长 4 厘米；叶卵圆形，长 13.5 厘米，宽 5.5 厘米，绿色，全缘；叶柄长 6 厘米；花白色，喇叭形。耐热，喜湿润，抗病虫，适应性强，生长快，出苗至始收 60 天，利用嫩茎叶鲜食，纤维少，品质好。

# 40 白苋菜

**编号：2018334368**

【作物名称】苋菜，学名 *Amaranthus tricolor* L.，苋科苋属一年生草本植物。苋菜是一种营养价值极高的蔬菜，特别是含有较多的铁、钙等矿物质，同时含有较多的胡萝卜素和维生素，民间有"六月苋，当鸡蛋；七月苋，金不换"的说法。

【品种名称】白苋菜，又名白苋。

【来源分布】仙居农家品种，栽培历史悠久，各地均有零星种植。由于苋菜耐热性强，适应性广，分期播种，分批采收，能从 4 月供应至 10 月，是夏季主要绿叶蔬菜之一。

【特征特性】全株茎光滑无毛，直立，分枝，茎梗绿色，无刺；叶互生于枝条，有长柄，卵形或三角状广卵形，先端钝，全缘，略有波状，叶绿；花朵细细小小，密集成穗，摸起来干燥扎手；果实称为胞果，是由薄薄的膜状果皮将种子包住。早中熟，生育期 90 天左右，喜温暖，耐热、不耐寒，产量约 1 000 千克/亩。品质好，富含钙质和维生素 K，属濒危品种，需保护。

# 41 红苋菜
编号：**2018334369**

【作物名称】苋菜，学名 *Amaranthus tricolor* L.，苋科苋属一年生草本植物。

【品种名称】红苋菜，又名紫苋菜。

【来源分布】仙居农家品种，栽培历史悠久，各地均有零星种植。

【特征特性】株高 30 厘米左右，茎基部紫红色，上部浅绿色，叶卵圆形，顶端尖，长 12 厘米，宽 7 厘米，叶上部边缘为绿色，中下紫红色，全缘，叶面平滑，叶柄浅绿色。属早熟品种，播种后 30 ～ 60 天可采收，抗病虫，鲜食或加工腌渍，食用嫩茎叶或老茎的髓部，品质佳，风味好。生长期短，病虫害少，其腌渍茎具独特风味，深受当地人们喜爱。

# 42 木耳菜
编号：**2018334370**

【作物名称】木耳菜，学名 *Gynura cusimbua*（D.Don）S.Moore，菊科菊三七属多年生草本植物。

【品种名称】木耳菜，又名豆腐菜、弹藤菜（音）。

【来源分布】仙居农家品种，有 100 多年的栽培历史。

【特征特性】蔓生型，蔓长 3 米以上，分枝性强，叶片呈倒心脏形，长 15 厘米，宽 15 厘米，叶色深绿，叶面平滑，其正反面均有光泽，全缘；茎绿色，花粉红色。耐热、耐瘠、耐旱、不耐寒，抗病虫害能力强。食用嫩茎叶，秋淡蔬菜之一。

# 43 紫背天葵

**编号：2018334371**

【作物名称】紫背天葵，学名 *Begonia fimbristipula* Hance，秋海棠科秋海棠属多年生无茎草本植物。

【品种名称】紫背天葵，又名紫背菜。

【来源分布】仙居农家品种，栽培历史悠久。

【特征特性】根茎球状，具多数纤维状支根。叶均基生，具长柄，叶片两侧略不相等，轮廓宽卵形，先端急尖或渐尖状急尖，基部略偏斜，托叶小，叶正面绿色背面紫色，茎浅紫色。以嫩茎叶供食。花粉红色，聚伞状花序。蒴果下垂，种子极多，小，淡褐色，光滑。花期5月，果期6月。

紫背天葵喜温暖湿润的气候，生长适温20～25℃，耐热性强，在夏季高温条件下生长良好；不耐寒，遇霜冻即全株凋萎。整个栽培过程中需水量较均匀，过于干旱时，产品品质下降。生长期间喜充足的光照，较耐阴，对土壤要求不严，较耐瘠薄土地。

# 44 尖叶苦荬
编号：**2018334372**

【作物名称】苦荬菜，学名 *Ixeris polycephala* Cass.，菊科苦荬菜属一年生草本植物。

【品种名称】尖叶苦荬，又名苦菜、苦麻菜。

【来源分布】仙居农家品种，栽培历史悠久，各地均有零星种植。

【特征特性】叶簇直立，株高 92 厘米，开展度 45 厘米 ×45 厘米；叶披针形，先端尖，叶长 48 厘米，宽 9 厘米，叶色深绿，叶缘稍带锯齿，叶面平滑，茎浅绿，叶梗味苦。迟熟，耐寒、耐热，适应性广，品质差，嫩叶可供鲜食。近年多作为野生蔬菜食用，还可兼作饲料。

# 45 圆叶苦荬
## 编号：2018334373

【作物名称】苦荬菜，学名 *Ixeris polycephala* Cass.，菊科苦荬菜属一年生草本植物。

【品种名称】圆叶苦荬，又名苦菜、苦麻菜。

【来源分布】仙居农家品种，栽培历史悠久，各地均有零星种植。

【特征特性】叶簇直立，株高 90 厘米，开展度 40 厘米×44 厘米；叶片长椭圆形，先端稍钝圆，叶长 34 厘米，宽 11 厘米，叶色深绿，叶缘略有锯齿，叶面平滑，周缘呈波浪状；茎绿色。迟熟，耐寒性和耐热性强，耐旱、耐涝性中等，食用嫩叶，稍带苦味，以鲜食为主，也可制干。品质好，易栽培。

第三章
# 水果作物

# 01 樱桃

**编号：2018334251**

【作物名称】樱桃，学名 *Cerasus pseudocerasus* (Lindl.) G. Don，蔷薇科樱属多年生落叶乔木。

【品种名称】樱桃，又名杏珠。

【来源分布】仙居农家品种，栽培历史悠久，各地零星种植。本次普查在官路镇谷坦村扛轿田自然村发现。

【特征特性】乔木，高 3.6 米，树皮灰白色。小枝灰褐色，嫩枝绿色，无毛。冬芽卵形，无毛。叶片卵形，长 5 ~ 12 厘米，宽 3 ~ 5 厘米，先端渐尖，基部圆形，边有尖锐重锯齿，齿端有小腺体，上面暗绿色，近无毛，下面淡绿色，沿脉或脉间有稀疏柔毛，侧脉 9 ~ 11 对；叶柄长 0.7 ~ 1.5 厘米，被疏柔毛，先端有 1 或 2 个大腺体；托叶早落，披针形，有羽裂腺齿。花序伞房状，有花 3 ~ 6 朵，先叶开放；花梗长 0.8 ~ 1.9 厘米，被疏柔毛；花瓣白色，卵圆形，先端下凹；雄蕊 30 ~ 50 枚。花柱与雄蕊近等长，无毛。核果近球形，红色，直径 0.9 ~ 1.3 厘米。花期 2 月底 3 月初，果期 5 月初。果实外表色泽鲜艳、红如玛瑙，富含糖、蛋白质、维生素及钙、铁、磷、钾等多种元素。本品种为仙居地方品种，前人留下，产量一般。果子、果核大，果皮鲜红，糖分高，品质佳。

# 02 野生樱桃
编号：**2018334345**

【作物名称】樱桃，学名 *Cerasus pseudocerasus* (Lindl.) G. Don，蔷薇科樱属多年生落叶乔木。

【品种名称】野生樱桃，又名杏珠。

【来源分布】仙居野生樱桃品种，历史悠久。本次普查在官路镇谷坦村石头坦自然村发现。

【特征特性】树高 10 米，树皮灰白色。花期 2 月，果期 4 月底。果实椭圆形，直径 0.5 ～ 0.7 厘米。果实多作泡酒，也可作水果食用，外表色泽艳丽，富含糖、蛋白质、维生素及钙、铁、磷、钾等多种元素。本品种为野生品种。果子小，果核大，适口性一般。

# 03 水梅
编号：**2018334338**

【作物名称】杨梅，学名 *Myrica rubra* Siebold et Zucc.，杨梅科杨梅属多年生常绿木本植物，又称圣生梅、白蒂梅，分布在浙江、云南、贵州、福建、湖南等地，具有很高的食用和药用价值。

【品种名称】水梅。

【来源分布】仙居农家品种，栽培历史悠久。本次普查在朱溪镇丰田自然村、横溪镇郑岙自然村、福应街道桐桥自然村均有发现，尤其是横溪镇郑岙自然村有较大范围的水梅生长群，福应街道桐桥自然村还有一株400多年前的明朝古杨梅，目前仍然生机盎然。

【特征特性】须根系，树高可达10米以上，栽培上人为修剪后控制在3～5米。单叶，叶革质，无毛，倒披针形，长5～12厘米，宽2～3厘米，先端圆钝，常密集于小枝上端，无托叶，叶边全缘。花雌雄异株，偶尔也有雌雄同株现象。核果球状，外表面具乳头状凸起，直径1～1.5厘米，栽培品种可达3厘米左右，外果皮肉质，多汁液及树脂；核常为阔椭圆形或圆卵形，略成压扁状，有点大，微绿色，偏长形，长1～1.5厘米，宽1～1.2厘米，内果皮极硬，木质。3月开花，6月果实成熟。果实较小，成熟时鲜红，水分多，味酸甜，口感极佳。大小年不明显，结果量大，适宜鲜食、泡酒或加工成杨梅果汁。

# 04 东魁
**编号：2018334341**

【作物名称】杨梅，学名 *Myrica rubra* Siebold et Zucc.，杨梅科杨梅属多年生常绿木本植物。

【品种名称】东魁，又名乒乓杨梅。

【来源分布】仙居引进品种，有 30 多年栽培历史，分布范围广，全县各乡镇、街道均有种植。

【特征特性】发源于浙江省台州市黄岩区东岙村，果特大，素有"杨梅王"之称。东魁杨梅在本地成熟期为 6 月中下旬，山区为 7 月上旬，其果形大如乒乓球，果实圆形，缝合线明显，果蒂突起，果色紫红，肉柱较粗，先端钝尖，平均肉柱长 1.15 厘米，肉厚，汁多，甜酸适中，味浓，可溶性固形物含量 13% 左右，总糖 10.5%，可滴定酸 1.1%，平均果径 3.7 厘米、单果重 25 克，最大果重达 50 克，每 500 克东魁杨梅一般只有 20 颗，可食率为 94.8%。成熟期不易落果，采收时间长达 10～15 天，较耐贮运，果实鲜食为主，品质优于其他杨梅。

东魁杨梅属大果晚熟品种，树势强健，树姿直立，树冠高大，呈圆头形，枝繁叶茂，叶片倒披针形，全缘，叶色浓绿，叶背脉纹明显，以中、短结果枝结果为主，丰产性强，一般种植 5～6 年后开始结果，10 年进入盛果期，大树株产一般 100 千克以上，适应性广，抗逆性强，栽培管理容易，较耐寒，投资少，价格高，对开发山区资源，绿化荒山，保持水土，增加山区经济收入具有积极意义。

# 05 荸荠种
编号：**2018334339**

【作物名称】杨梅，学名 *Myrica rubra* Siebold et Zucc.，杨梅科杨梅属多年生常绿木本植物。

【品种名称】荸荠种，又名荸荠梅。

【来源分布】仙居引进品种，有 30 多年栽培历史，分布范围广，全县各乡镇、街道均有种植。

【特征特性】因果偏小，形似荸荠而得名。荸荠杨梅为中国著名良种，原产余姚，也叫余姚杨梅。该品种具有适应性广、丰产、优质和抗性强等特性，是目前主推品种。

树势中庸，树冠半圆形或圆头形，树姿开张，枝梢较稀疏，树形较矮。叶片倒卵形，叶尖渐尖，叶色深绿。果实中等偏小，重约 10 克，扁圆，形似荸荠。完熟时果面紫黑色，肉质厚，外突起明显，肉柱棍棒形，柱端圆钝，果核比水梅小，与果肉易分离，偏圆形，肉质细软，汁多，味甜微酸，略有香气，可溶性固形物含量 12% ～ 13%，总糖 9.1%，可滴定酸 0.8%，可食率高达 96%，品质特优，加工性能佳，适宜鲜食与罐藏加工。果实成熟后不易脱落，一般 6 月上中旬成熟，比东魁早上市 5 ～ 7 天。

# 06 土梅
编号：**2018334342**

【作物名称】杨梅，学名 *Myrica rubra* Siebold et Zucc.，杨梅科杨梅属多年生常绿木本植物。

【品种名称】土梅。

【来源分布】野生品种，历史悠久。本次普查在上张乡六亩田自然村、朱溪镇丰田自然村、田市镇公盂自然村等地均有发现。

【特征特性】生长在山区，系自然繁殖，野生品种。一般作嫁接砧木，移植后嫁接为东魁和荸荠种等优良品种。土梅果实小，色泽红，成熟后易落果，商品性差，人们习惯采来泡杨梅酒。

# 07 白杨梅
编号：**2018334262**

【作物名称】杨梅，学名 *Myrica rubra* Siebold et Zucc.，杨梅科杨梅属多年生常绿木本植物。

【品种名称】白杨梅，又名水晶梅、白梅。

【来源分布】野生品种，历史悠久。本次普查在官路镇谷坦村扛轿田自然村发现。

【特征特性】生长在山区，系自然繁殖，野生品种，后来有人工栽培。树势强健，树冠半圆形，叶片倒披针形，先端圆钝，质薄，淡绿色。果实圆球形，平均单果重约 15 克，幼果有香味、浓郁。白杨梅是杨梅中的稀有品种，完熟时果面颜色从粉红到乳白不等，而其中尤以通体乳白的水晶杨梅最为稀有，色泽、口感均佳，相传在古代作为贡品。

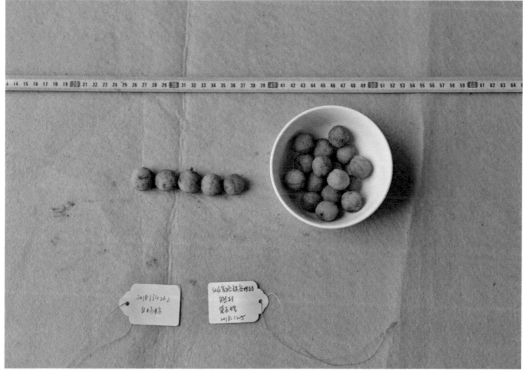

# 08 雄杨梅
编号：**2018334340**

【作物名称】杨梅，学名 *Myrica rubra* Siebold et Zucc.，杨梅科杨梅属多年生常绿木本植物。

【品种名称】雄杨梅。

【来源分布】野生品种，历史悠久。本次普查在上张乡六亩田自然村、福应街道桐桥自然村、田市镇公盂自然村等地均有发现，特别是六亩田自然村有一株雄株王，非常高大。

【特征特性】生长在山区，系自然繁殖，野生品种，后来杨梅大面积发展，开始人工栽培。

杨梅是雌雄异株，雌雄都开花，开花的雄树却只开花不结果。雄花花序长，红褐色，花粉量大。杨梅为风媒花，靠风力传播花粉。当雄花绽放，无数的花粉喷薄而出，飘飘洒洒，方圆数里都能传到。

# 09 柴家梨
**编号：2018334252**

【作物名称】梨，学名 *Pyrus pyrifolia* Nakai.，蔷薇科梨属多年生落叶木本植物，分布在河南、河北、山东、辽宁、江苏、四川、新疆、浙江等地。

【品种名称】柴家梨。

【来源分布】本次普查在官路镇谷坦村扛轿田自然村发现，是从当地老梨树上剪枝嫁接到野生山棠梨上的品种。

【特征特性】树高3.2米，单叶互生，全缘，在芽中呈席卷状，有叶柄与托叶，叶片呈卵形。3月下旬开花，重阳节之后成熟，中果型，果径4厘米，约250克，株结果200个左右。果实质脆，水多，甜度高，无渣。果皮绿色，幼果有锈斑，但成熟后锈斑消失，抗性好。果实通常用来生食，不仅味美汁多，甜中带酸，而且营养丰富，含有多种维生素和纤维素。在医疗功效上，梨可以通便秘，利消化，对心血管也有好处。在民间，梨还有一种疗效，把梨去核，放入冰糖，蒸煮后食用可以止咳。除了作为水果食用以外，梨还可以作为观赏之用。

# 10 蒲梨
编号：**2018334253**

【作物名称】梨，学名 *Pyrus pyrifolia* Nakai.，蔷薇科梨属多年生落叶乔木。

【品种名称】蒲梨。

【来源分布】本次普查在官路镇谷坦村扛轿田自然村发现，从老树上嫁接而来，砧木为山棠梨，老树已死。

【特征特性】树高 3.8 米，3 月开花，11 月成熟，大果型，果径 10 厘米，每果重约 500 克。果实梨形，水分特别多，不是很脆，有点渣，成熟后果核小。幼果果皮绿色，成熟果皮黄褐色，色泽不均匀。抗性好。

# 11 冬梨
## 编号：2018334254

【作物名称】梨，学名 *Pyrus pyrifolia* Nakai.，蔷薇科梨属多年生落叶乔木。

【品种名称】冬梨。

【来源分布】本次普查在官路镇谷坦村扛轿田自然村发现，从老树上嫁接而来，砧木为山棠梨，老树已死。与蒲梨嫁接在同一株砧木上。

【特征特性】树高 3.8 米，3 月底开花，12 月成熟，大果型，果径 10 厘米，每果重约 500 克。果实扁圆形，成熟时果皮黄褐色，果肉略脆，有渣，水分多。边上有柏树，锈斑零星，较抗锈病。

# 12 山棠梨（小果）
编号：**2018334263**

【作物名称】梨，学名 *Pyrus pyrifolia* Nakai.，蔷薇科梨属多年生落叶乔木。

【品种名称】山棠梨。

【来源分布】野生品种，历史悠久，本次普查在官路镇谷坦村扛轿田自然村发现。

【特征特性】树高 5.2 米，3 月开花，9—10 月成熟，小果型，果径 2.5 厘米，每果重约 15 克，果柄长，果实近圆形，果皮黄绿色。幼果麻、涩，需要后熟才能吃。果肉略脆，口感较差。植株生长茂盛，抗性强。

# 13 山棠梨（大果）
## 编号：2018334278

【作物名称】梨，学名 *Pyrus pyrifolia* Nakai.，蔷薇科梨属多年生落叶乔木。

【品种名称】山棠梨。

【来源分布】野生品种，历史悠久，本次普查在官路镇谷坦村扛轿田自然村发现。

【特征特性】树高 12 米，3 月开花，霜降前成熟，大果型，果径 5 厘米，每果重 100～150 克，果柄长，果实卵圆形，果皮黄绿色。未成熟果较涩，需要后熟才能吃。后熟吃渣也较多，果肉略脆，但不生涩，水分不多，肉质粉，口感较差。产量高，单株可达 100 千克以上。煮熟好吃，也可喂猪。植株生长茂盛，抗性强，可作优质砧木。

# 14 王家梨
编号：**2018334290**

【作物名称】梨，学名 *Pyrus pyrifolia* Nakai.，蔷薇科梨属多年生落叶乔木。

【品种名称】王家梨。

【来源分布】仙居地方品种，历史悠久，本次普查在安岭乡四联村发现。

【特征特性】树高 6.9 米，枝条分散伸展。3 月开花，8—9 月成熟，中果型，果径 3～4 厘米，每果重约 50 克。果柄长，果实近圆形，果皮绿褐色，有锈斑。成熟时甜，汁水多，无渣，口感好。抗性较弱，不抗锈病、不耐低温。果实以鲜食为主。

# 15 伟星梨
## 编号：2018334292

【作物名称】梨，学名 *Pyrus pyrifolia* Nakai.，蔷薇科梨属多年生落叶乔木。

【品种名称】伟星梨。

【来源分布】仙居地方品种，历史悠久，本次普查在安岭乡石舍村发现。

【特征特性】树高 7.3 米，枝条分散伸展。清明开花，10 月成熟。大果型，果径 5 厘米，每果重约 150 克。果柄长，果实梨形，果皮薄，绿褐色，无锈斑。成熟时水分多，无渣，甜中带酸，口感较好。抗性较强。果实以鲜食为主。

# 16 雅楼梨
编号：**2018334303**

【作物名称】梨，学名 *Pyrus pyrifolia* Nakai.，蔷薇科梨属多年生落叶乔木。

【品种名称】雅楼梨。

【来源分布】仙居地方品种，前人留下，历史悠久，本次普查在安岭乡雅楼村发现，已生长 70 多年。

【特征特性】树高 12 米，枝条分散伸展。清明开花，10—11 月成熟。大果型，果径 4～5 厘米，每果重 100～150 克。果柄长，果实圆形，果皮薄，褐色，光滑，有零星锈斑。成熟时水分多，甜，有渣，口感一般，果核占 1/3。不抗锈病，抗寒能力不强。果实以鲜食为主。

# 17 雪梨
编号：**2018334326**

【作物名称】梨，学名 *Pyrus pyrifolia* Nakai.，蔷薇科梨属多年生落叶乔木。

【品种名称】雪梨。

【来源分布】仙居地方品种，前人留下，本次普查在朱溪镇朱家岸村发现，已生长 40 多年。

【特征特性】树高 6.6 米，枝条上伸较挺。3 月开花，季节同桃花，霜降时成熟，过早不好吃。大果型，果径 10 厘米，每果重达 500 克。果柄长，果实圆形，果皮薄，褐色，光滑，锈斑严重。成熟时水分多，甜，脆，无渣，口感佳。需套袋，否则果子难以生长到成熟。抗性强，产量高。果实以鲜食为主。

# 18 狸猫哭
编号：**2018334264**

【作物名称】柿，学名 *Diospyros kaki* Thunb.，柿科柿属植物，高大落叶乔木，原产中国，已有 3 000 多年的栽培历史，除了北部黑龙江、吉林、内蒙古和新疆等寒冷的地区外，大部分省区都有种植。

【品种名称】野生柿，又名狸猫哭。

【来源分布】仙居野生柿品种之一，历史悠久，本次普查在官路镇谷坦村扛轿田自然村发现。

【特征特性】树高 6 米，根系发达，耐寒耐瘠耐旱，但不耐盐碱。嫩枝初时有棱，有棕色柔毛。叶较大，纸质，长卵形。花雌雄异株，花序腋生，为聚伞花序，雌花单生叶腋，长约 2 厘米，花萼绿色，有光泽。果实扁圆形，果径 2 ～ 3 厘米，嫩时绿色，后变黄色，果肉较脆硬，老熟时果肉柔软多汁，呈橙红色。4 月上旬开白色小花，果实青绿色，10—11 月成熟，11 月底落叶入冬，翌年 3 月抽梢展叶。小果型，成熟后皮红色、薄，肉软，口感很甜，有籽 3 ～ 4 粒，生食。产量高，抗性好，为优质品种。

# 19 土柿
编号：**2018334293**

【作物名称】柿，学名 *Diospyros kaki* Thunb.，柿科柿属多年生落叶乔木。

【品种名称】土柿。

【来源分布】仙居野生柿品种之一，历史悠久，本次普查在安岭乡石舍村发现。

【特征特性】野生品种，树高 7.2 米。清明开花，国庆节后至 11 月成熟，中果型，果径 3～5 厘米。果实长圆形，皮黄红色、薄，肉软，口感甜，有籽 2～3 粒，须后熟才能食用。鲜食、晒柿干。产量高，抗性好。

# 20 山柿
编号：**2018334294**

【作物名称】柿，学名 *Diospyros kaki* Thunb.，柿科柿属多年生落叶乔木。

【品种名称】山柿。

【来源分布】仙居野生柿品种之一，历史悠久，本次普查在安岭乡石舍村发现。

【特征特性】野生品种，树高 4.1 米。清明开花，立冬成熟，中果型，果径约 3 厘米，重 30 克左右。果实圆形，皮红色、薄，肉软，口感甜，籽多。产量高，抗性强。

# 21 灿柿
编号：**2018334295**

【作物名称】柿，学名 *Diospyros kaki* Thunb.，柿科柿属多年生落叶乔木。

【品种名称】灿柿。

【来源分布】仙居野生柿品种之一，历史悠久，本次普查在安岭乡石舍村发现。

【特征特性】野生品种，100多年树龄，树高7.2米。4月初开花，11月上旬成熟，中果型，果径3～4厘米，重50克左右。果实长圆形，成熟时皮红色、薄。黄色时摘下后熟，肉软，口感甜，籽多，2～6粒不等。产量高，抗性强。可鲜食，也可晒干，适宜早摘削皮后晒干做柿饼。

## 22 长柿
### 编号：2018334331

【作物名称】柿，学名 *Diospyros kaki* Thunb.，柿科柿属多年生落叶乔木。

【品种名称】长柿，又名玉环柿。

【来源分布】仙居引进品种之一，历史悠久，本次普查在埠头镇小屋基村发现。

【特征特性】引进品种，50 多年树龄，树高 10 米。清明开花，霜降成熟，大果型，果径约 4 厘米，重 50 ～ 100 克。果实长圆形，成熟时皮红色。黄色时摘下后熟，肉软，口感稠黏、粗糙不细腻，一般有 2 ～ 3 粒籽，种子比方柿小。产量高，抗性强，有大小年结果现象。可鲜食，适宜削皮后晒干做柿饼。

# 23 方柿
编号：**2018334332**

【作物名称】柿，学名 *Diospyros kaki* Thunb.，柿科柿属多年生落叶乔木。

【品种名称】方柿。

【来源分布】仙居引进品种之一，历史悠久，本次普查在埠头镇小屋基村发现。

【特征特性】引进品种，1968 年从市场购入，50 多年树龄，树高 10 米，树势挺拔，叶片长卵形。清明开花，霜降成熟，大果型，果径约 5 厘米，重 100 克左右。果实扁圆偏方形，成熟时皮红色，鲜食果肉脆甜。黄色时摘下后熟，肉软，水分比长柿多，口感细腻、爽口，一般有 2 ～ 3 粒较大的种子。产量高，抗性强，有大小年结果现象。适宜鲜食。

# 24 雄柿
编号：2018334335

【作物名称】柿，学名 *Diospyros kaki* Thunb.，柿科柿属多年生落叶乔木。

【品种名称】雄柿。

【来源分布】仙居地方野生品种，历史悠久，本次普查在埠头镇小屋基村发现。

【特征特性】生长在山区，系自然繁殖，野生品种，后来农民种柿较多，才挖雄柿人工栽植。树高 8 米，树势挺拔，分枝粗，枝叶繁茂。清明开花，花粉量足。雄柿作为授粉树，只开花，不结果。

# 25 黄皮猕猴桃
编号：**2018334261**

【作物名称】中华猕猴桃，学名 *Actinidia chinensis* Planch.，猕猴桃科猕猴桃属多年生落叶藤本植物，又名藤梨、奇异果等。中国是猕猴桃的原产地。

【品种名称】黄皮猕猴桃。

【来源分布】本次普查在官路镇、埠头镇、朱溪镇、上张乡等乡镇均有野生黄皮猕猴桃种质资源发现，标样在官路镇谷坦村扛轿田自然村采集。

【特征特性】野生品种，山上自然生长，仙居高海拔山区分布较多。肉质须根系，单叶，互生，膜质，具长柄，近全缘，叶脉羽状，多数侧脉间有明显的横脉，小脉网状。花白色，雌雄异株，聚伞花序。一般3—4月萌芽展叶、开花坐果，10月成熟，11月落叶。果实长卵圆形，中型果，果径2～3厘米，果重约20克，皮黄色、薄，易剥，肉质黄，口感甜，内有分布均匀的黑色小种子，采摘后需后熟才能食用，是一种品质鲜嫩、营养丰富、风味鲜美的水果。产量高，抗性好，品质优。自家食用为主，也可泡果酒。

# 26 黄肉猕猴桃
编号：**2018334343**

【作物名称】中华猕猴桃，学名 *Actinidia chinensis* Planch.，猕猴桃科猕猴桃属多年生落叶藤本植物。

【品种名称】黄肉猕猴桃。

【来源分布】野生猕猴桃品种，上张乡苗辽村村民陈友福于 2007 年在海拔 1 200 米高山上发现的，现已将母树进行保护。

【特征特性】该品种的猕猴桃树长势强盛，枝梢粗壮，叶背面有茸毛，10 月成熟采收，果实呈长圆柱形，平均单果重 50 克左右，最大果重 100 克，丰产性好，果皮黄褐色，果面光滑、茸毛少；果肉金黄、维生素 C 含量高（据浙江省农业科学院测定含量为 116.3 毫克 /100 克，可溶性固形物含量 16.7 克 /100 克），钙、铁、锌、硒含量高，肉质细嫩汁多、风味香甜可口，营养丰富，品质特优。

# 27 小叶猕猴桃
编号：**2018334277**

【作物名称】小叶猕猴桃，学名 *Actinidia Lanceolata* Dunn.，猕猴桃科猕猴桃属多年生落叶藤本植物。

【品种名称】小叶猕猴桃。

【来源分布】仙居地方野生品种，历史悠久，本次普查在官路镇谷坦村扛桥田自然村发现。

【特征特性】野生品种，山上自然生长，叶片细长、光滑。3 月底开花，比黄皮猕猴桃迟开花，比白皮猕猴桃早开花，花小有点红。立冬前后成熟，小果型，果径 2 厘米，单果重 10～20 克。果实长卵圆形或近圆形，青皮无毛，光滑，肉质青色，甜。产量低，抗性好，为优质品种，可鲜食也可泡酒。

# 28 白藤梨（短果）
### 编号：2018334258

【作物名称】毛花猕猴桃，学名 *Actinidia eriantha* Benth.，猕猴桃科猕猴桃属多年生落叶藤本植物。

【品种名称】白藤梨（短果）。

【来源分布】仙居地方品种，历史悠久，本次普查在官路镇谷坦村扛桥田自然村发现。

【特征特性】野生品种，山上自然生长。叶片长圆形，背面有茸毛。4月下旬至5月上旬开花，花较大。立冬成熟，中果型，果径 2.5 厘米，单果重 20 克左右。果实外观白色椭圆形，有毛，果肉青色（与叶子颜色相似），不很甜，有点酸。抗性强，产量高，品质优，鲜食为主。取根或果子放锅里烧开煮水喝，可止肠胃痛。

# 29 白藤梨（长果）
编号：**2018334260**

【作物名称】毛花猕猴桃，学名 *Actinidia eriantha* Benth.，猕猴桃科猕猴桃属多年生落叶藤本植物。

【品种名称】白藤梨（长果）。

【来源分布】仙居地方品种，历史悠久，本次普查在官路镇谷坦村扛桥田自然村发现。

【特征特性】野生品种，山上自然生长。4月下旬至5月上旬开花，花较大。霜降后立冬前成熟，大果、圆柱形，成熟时平均果长8厘米左右，直径3厘米，重约40克。果实外观白色，有毛，果肉鲜绿色，中间有黄色柱心，周围均匀分布褐色的小种子，种子多数，不规则排列。口味淡，不酸不甜。抗性强，产量高，鲜食为主。取根或果子放锅里烧开煮水喝，可止肠胃痛。

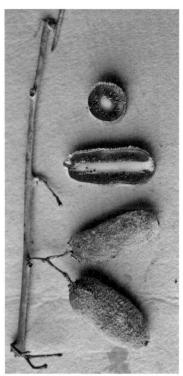

# 30 白藤梨（雄株）
编号：**2018334259**

【作物名称】毛花猕猴桃，学名 *Actinidia eriantha* Benth.，猕猴桃科猕猴桃属多年生落叶藤本植物。

【品种名称】白藤梨（雄株）。

【来源分布】仙居地方品种，历史悠久，本次普查在官路镇谷坦村扛桥田自然村发现。

【特征特性】生长在山区，系自然繁殖，野生品种。叶子椭圆形，背面有茸毛。4 月下旬至 5 月上旬开花，花粉量大，花红色，花粉黄色。白藤梨雄株作为授粉株，只开花，不结果。

# 31 青梅
## 编号：2018334279

【作物名称】梅，学名 *Armeniaca mume* Sieb.，又名青梅、梅子、酸梅，蔷薇科杏属多年生落叶小乔木。梅花是中国十大名花之首，与兰花、竹子、菊花一起列为四君子，与松、竹并称为"岁寒三友"。在中国传统文化中，梅以它的高洁、坚强、谦虚的品格，给人以立志奋发的激励。在严寒中，梅开百花之先，独天下而春。

【品种名称】青梅。

【来源分布】为仙居农家品种，栽培历史悠久，本次普查在官路镇谷坦村扛轿田自然村发现。

【特征特性】野生品种，树高5.2米。树皮浅灰色，平滑；小枝绿色，光滑无毛；叶片卵形，叶边具小锐锯齿。花单生或有时2朵同生于1芽内，直径2～2.5厘米，香味浓，先于叶开放；花萼红褐色，花瓣倒卵形，粉红色。1月下旬开花，3月展叶，6月下旬成熟，小果型，果径2～3厘米。果实近球形，成熟时黄色果皮黄肉，果肉与核粘贴，果核不大。成熟后基本无涩，脆、酸，有香味。可泡酒（未成熟果皮变白时）或鲜食。产量高，抗性好，为优质地方品种。梅用途甚广，鲜花可提取香精；花、叶、根和种仁均可入药；果实可食、盐渍或干制，或熏制成乌梅入药，有止咳、止泻、生津、止渴之效；梅又能抗根线虫为害，可作为核果类果树的砧木。

# 32 红心李
编号：**2018334337**

【作物名称】李，学名 *Prunus salicina* Linn.，又名布霖、李子，蔷薇科李属多年生落叶乔木。

【品种名称】红心李。

【来源分布】仙居农家品种，栽培历史悠久，本次普查在福应街道东溪村桐桥自然村发现。

【特征特性】栽培品种，树高 3.7 米，从老树根部挖小苗移植过来。树冠广圆形，树皮灰褐色，起伏不平；老枝紫褐色，无毛；叶片长圆倒卵形，长 6～8 厘米，宽 3～5 厘米，先端渐尖，基部楔形，边缘有圆钝重锯齿；托叶膜质，线形；叶柄长 1～2 厘米，通常无毛；花通常 3 朵并生；花梗 1～2 厘米，通常无毛；花直径 1.5～2.2 厘米；萼筒钟状。3 月开花，6 月下旬成熟，中果型，果径 3～4 厘米。果实近球形，成熟时果皮暗红色、果肉红色，果肉与核粘贴，果核较大。成熟后基本无涩，脆、甜，有香味，口感极佳。鲜食为主。产量高，易虫蛀，为优质地方品种。有大小年结果现象。

## 33 小枣
**编号：2018334281**

【作物名称】枣，学名 *Ziziphus jujuba* Mill.，别称枣子、大枣、刺枣，鼠李科枣属植物，多为落叶小乔木。枣含有丰富的维生素 C、维生素 P，除供鲜食外，常可以制成蜜枣、红枣、黑枣、酒枣等蜜饯和果脯，还可以做成枣泥、枣面、枣酒、枣醋等，为食品工业原料。

【品种名称】小枣。

【来源分布】仙居农家品种，栽培历史悠久，本次普查在官路镇谷坦村扛轿田自然村发现。

【特征特性】树龄 50 多年，树高 6.2 米。树皮灰褐色，枝具皮刺，叶互生，具柄，柄长 1～6 毫米，无毛，叶边缘具齿，托叶变成针刺。花小，黄绿色，两性，排成腋生具总状花梗的聚伞花序。核果圆球形，不开裂，顶端有小尖头，基部有宿存的萼筒，小果型，果径 1.5～2 厘米，成熟后由红色变红紫色，中果皮肉质，厚、味甜，内果皮硬骨质，1～2 室，每室具 1 种子，种子椭圆形，长约 1 厘米，宽 8 毫米。6 月上旬开花，白露前后成熟，11 月落叶休眠。果实近球形，青时很硬咬不动，鲜白时水分多、脆，果皮红色时采摘，肉已软，肉厚，味甜。枣核小。产量、抗性一般。

# 34 小圆枣
**编号：2018334291**

【作物名称】枣，学名 *Ziziphus jujuba* Mill.，鼠李科枣属多年生落叶小乔木。

【品种名称】小圆枣。

【来源分布】仙居农家品种，栽培历史悠久，本次普查在安岭乡四联村发现。

【特征特性】农家品种，树龄 50 多年，树高 9.2 米。6 月上旬开花，9 月成熟，小果型，果径 1.5 厘米。果实圆球形，成熟时果皮红色，肉质厚，水分不多，味甜，果皮白中带红时最好吃。枣核偏圆、大。抗性强，产量高。宜鲜食或晒枣干。

# 35 圆枣
编号：**2018334310**

【作物名称】枣，学名 *Ziziphus jujuba* Mill.，鼠李科枣属多年生落叶小乔木。

【品种名称】圆枣。

【来源分布】仙居农家品种，栽培历史悠久，本次普查在南峰街道下垟底村溪头自然村发现。

【特征特性】农家品种，树龄 50 多年，树高 4 米。5 月底 6 月初开花，8 月底成熟，小果型，果径 2 厘米。果实圆球形，成熟时果皮红色、薄，肉质厚，水分不多，味甜，果皮白中带红时采摘最好吃，枣核小，宜鲜食。抗性强，产量高。

# 36 小叶葡萄
编号：**2018334280**

【作物名称】葡萄，学名 *Vitis vinifera* L.，葡萄科葡萄属木质藤本植物。

【品种名称】小叶葡萄。

【来源分布】仙居地方品种，历史悠久，本次普查在官路镇谷坦村扛轿田自然村发现。

【特征特性】山上自然生长，野生品种，叶小。基部分枝发达，小枝圆柱形，有纵棱纹，无毛，藤茎长达 5～10 米。叶卵圆形，单叶，裂缺，有托叶，早落。圆锥花序，单性花，雌雄异株。子房 2 室，每室有 2 颗胚珠，花柱纤细，柱头微扩大。5 月开花，霜降后成熟，11 月落叶休眠。果穗长 10 厘米，果子小，果径 1 厘米。果实近球形，紧凑，皮白色蜡质，未成熟时青皮，成熟后紫黑色，白肉带青，软、厚，味甜，口感好，内有小种子 1 颗。产量低，抗性强。果、药两用。果实鲜食、酿酒、泡酒（成熟时采摘），根有舒筋活血作用，可治疗坐骨神经痛、风湿痛。

# 37 野生小葡萄
编号：**2018334282**

【作物名称】葡萄，学名 *Vitis vinifera* L.，葡萄科葡萄属木质藤本植物。

【品种名称】野生小葡萄。

【来源分布】仙居地方品种，历史悠久，本次普查在朱溪镇朱家岸村发现。

【特征特性】山上自然生长，野生品种。5月开花，霜降后立冬前（10月下旬）成熟。果穗长达20厘米，果子小，果径1～1.5厘米。果实近球形，较稀疏，皮白色蜡质，未成熟时青皮，成熟后紫红色，白肉，软、厚，味酸、涩，口感差。产量一般，抗性强。果、药两用。果实可鲜食，酿酒更佳，色泽艳、口感爽。根可治坐骨神经痛、风湿痛。

# 38 石榴
编号：**2018334257**

【作物名称】石榴，学名 *Punica granatum* L.，石榴科石榴属多年生落叶乔木。

【品种名称】石榴。

【来源分布】仙居地方品种，历史悠久，本次普查在官路镇谷坦村扛轿田自然村发现。

【特征特性】扦插品种，从谷坦水库边上的老树取枝条扦插而来，已有38年树龄，树高5.4米。树冠丛状自然圆头形，树根黄褐色，生长强健，根际易生根蘖。树干灰褐色，上有瘤状突起。树冠内分枝多，嫩枝有棱、有刺。小枝柔韧，不易折断。叶对生，长披针形，长2～8厘米，宽1～2厘米，表面有光泽，背面中脉凸起；有短叶柄。花两性，钟状花，子房发达，易受精结果；花瓣倒卵形，与萼片同数而互生，覆瓦状排列。花红色，雄蕊多数，花丝无毛。雌蕊具花柱1个，长度超过雄蕊，子房下位。成熟后变成大型而多室、多子的浆果；外种皮肉质，籽粒大，鲜红，多汁，甜而带酸，为可食用的部分；内种皮角质。5月底6月初开花，榴花似火，立冬成熟。果子大，果径10厘米，重200～300克。果实近球形，果皮红带黄，皮薄。产量一般，抗性强。果实鲜食，性温味甘、酸涩，具有杀虫、收敛、涩肠、止痢等功效，营养丰富，维生素C含量高。石榴为中国传统文化吉祥物，视其为多子多福的象征。

# 39 毛桃
编号：**2018334336**

【作物名称】桃，学名 *Amygdalus persica* L.，蔷薇科桃属多年生落叶小乔木。

【品种名称】毛桃。

【来源分布】仙居地方品种，历史悠久，本次普查在埠头镇小屋基村发现。

【特征特性】山上自然生长，野生品种，有 100 年树龄，树高 3 米。幼叶在芽中呈对折状，后于花开放，椭圆形，叶边常具腺体和锯齿。花单生，粉红色，无梗。3 月中旬开花，红色，8 月成熟，11 月落叶休眠。果子大，核果，外被毛，不开裂，果径 5 厘米。果实扁圆形，腹部有明显的缝合线，外观一半暗红，一半青，果核大，离核。种皮厚，种仁味苦。成熟肉软，汁多，味甜，有特殊香味。果实鲜食。抗性较强，产量较高。

# 40 白橙

**编号：2018334311**

【作物名称】柚，学名 *Citrus maxima* (Burm.) Merr.，芸香科柑橘属多年生常绿乔木。

【品种名称】白橙。

【来源分布】仙居地方品种，历史悠久，本次普查在南峰街道下垟底村溪头自然村发现。

【特征特性】地方品种，有70年栽培历史，由老树种子自由长出的实生苗，树高5米。嫩枝扁且有棱；叶阔卵形，背被柔毛，叶质颇厚，色浓绿，连冀叶长9～16厘米，宽4～8厘米。总状花序，花瓣长1.5～2厘米。4月开花，花白色，霜降果子成熟。果子大，果径25厘米，重1～1.5千克，梨形。成熟后果皮淡黄色，皮薄，海绵质，果心实，瓤囊10～15瓣，果肉甜、带点酸，无渣，有香味，种子多。抗性、产量一般。

第四章

# 油料作物

# 01 红花油茶
编号：**2018334265**

【作物名称】油茶，学名 *Camellia oleifera* Abel.，别名茶子树、白花茶，山茶科山茶属多年生常绿小乔木，因其种子可榨油，故名油茶。茶油色清味香，营养丰富，耐贮藏，是优质食用油。茶饼既是农药，又是优质肥料。可以说油茶全身都是宝。

【品种名称】红花油茶。

【来源分布】仙居地方品种，历史悠久，本次普查在官路镇谷坦村石头坦自然村发现。

【特征特性】地方品种，从别人家移植过来，50 多年历史，树高 3.5 米。2～3 月开花，红花，霜降成熟收获。果子大，球形，果径 3 厘米，3 室，每室有种子 1 粒或 2 粒，果皮厚 3～5 毫米，木质，中轴粗厚。成熟后果皮紫红色，切开后果肉立即变黑。抗性强，产量高。种子可榨油、花可观赏。

# 02 白花油茶
编号：**2018334266**

【作物名称】油茶，学名 *Camellia oleifera* Abel.，山茶科山茶属多年生常绿小乔木。

【品种名称】白花油茶。

【来源分布】仙居地方品种，历史悠久，本次普查在官路镇谷坦村石头坦自然村发现。

【特征特性】地方品种，100 多年历史，树高 3.6 米。2—3 月开花，白花，霜降成熟收获。果子小，球形，果皮褐色，果径 1 厘米，3 室，每室有种子 1 粒，果皮厚 2 ～ 3 毫米，木质，中轴粗。抗性强，产量一般。种子可榨油，花可供观赏。

第五章
其他作物

# 01 野百合
编号：**2018334344**

【作物名称】百合，学名 *Lilium brownii* var. *viridulum* Baker，百合科百合属多年生草本球根植物，原产于中国。

【品种名称】野百合，又名百寒（音）、山大蒜。

【来源分布】为仙居地方品种，历史悠久，本次普查在官路镇谷坦村石头坦自然村发现。

【特征特性】多年生草本植物，野生品种，株高 110 厘米。茎直立，圆柱形，常有紫色斑点，无毛，绿色。叶片互生，无柄，披针形至椭圆状披针形，全缘，叶脉弧形。花大、漏斗形，花内部先黄后白，外部紫色，单生于茎顶。蒴果长卵圆形，具钝棱。鳞茎球形，淡白色，先端常开放如莲座状，由多数肉质肥厚、卵匙形的鳞片聚合而成。种子多数，卵形，扁平。6 月上旬现蕾，7 月上旬始花，7 月中旬盛花，7 月下旬终花，果期 7—10 月。具膳食、药用、观赏等功效。放锅里煮一下即熟，拌糖吃，口感微苦、糯，滋阴。

# 02 鸡血生
编号：**2018334374**

【作物名称】腐婢，学名 *Premna microphylla* Turcz.，马鞭草科豆腐柴属多年生直立灌木。茎、叶具有清热、消肿、解毒，治疟疾、泻痢的功效。叶可用来制作豆腐（柴叶豆腐）。

【品种名称】鸡血生，又名豆腐柴。

【来源分布】为仙居地方品种，历史悠久，本次普查在朱溪镇丰田村发现。

【特征特性】直立灌木，植株高 2～6 米。幼枝有柔毛，老枝渐无毛。叶对生，叶柄长 0.5～2 厘米；叶片卵状披针形、倒卵形、椭圆形或卵形，有臭味，长 3～13 厘米，宽 1.5～6 厘米，基部渐狭，全缘或具不规则粗齿。聚伞花序组成塔形的圆锥花序，顶生；花萼杯状，花冠淡黄色，雄蕊 4 枚，2 长 2 短，着生于花冠管上。核果球形至倒卵形，紫色，径约 6 毫米。花期 5—6 月，果期 6—7 月。

腐婢的根可切片剪汁，取汁与鸭子、排骨、猪脚等做药膳，它的汤不仅爽口不腻，更有清热解毒、败火去痛的功效。腐婢的叶就用来做柴叶豆腐，叶子含有大量天然果胶、植物蛋白和膳食纤维，还含有较多的胡萝卜素、叶绿素、维生素 C、氨基酸及丰富的钙、钾、磷等矿物质元素。

柴叶豆腐外观润泽晶莹，冰清宛如碧玉；口感柔软细腻，Q 弹好似布丁。香味沁人心脾，味道爽口清凉，消暑最佳食品，可冷拌，可热炒。

# 03 覆盆子

编号：**2018334375**

【作物名称】覆盆子，学名 *Rubus idaeus* L.，蔷薇科悬钩子属，多年生落叶木本植物，是一种水果，果实味道酸甜，植株的枝干上长有倒钩刺。

【品种名称】覆盆子，又名树莓、格公（音）、牛奶荡（音）。

【来源分布】野生品种，历史悠久，本次普查在官路镇谷坦村扛轿田自然村发现。

【特征特性】多年生落叶灌木，高 1～2 米；枝褐色，幼时被绒毛状短柔毛，疏生皮刺。小叶 3～5 枚，花枝上有时具 3 小叶，不孕枝上常 5 小叶，长卵形，顶生小叶常卵形，有时浅裂，长 3～8 厘米，宽 1.5～4.5 厘米，顶端短渐尖，基部圆形，顶生小叶基部近心形，上面无毛，下面密被灰白色绒毛，边缘有不规则粗锯齿；叶柄长 3～6 厘米，顶生小叶柄长约 1 厘米，均被绒毛状短柔毛和稀疏小刺；托叶线形，具短柔毛。常生长在山地杂木林边、灌丛或荒野，海拔 500～2 000 米，性喜温暖湿润，要求光照良好的散射光，对土壤要求不严格，适应性强。花期 5—6 月，果期 8—9 月。覆盆子是小灌木，结果早，易进入盛果期，一般栽后两年见果，3 年丰产，4～5 年时产量最高，盛果期可长达 15 年左右。果实为聚合果，由众多核果聚合而成，类球形，上部钝圆，底部较平坦，红色或橙黄色，密被短绒毛，直径 1～1.4 厘米，多汁液，酸甜可口，有"黄金水果"的美誉，含有相当丰富的维生素 A、维生素 C、钙、钾、镁等营养元素以及大量纤维，有固精补肾、明目等功效，能有效缓解心绞痛等心血管疾病。覆盆子果实除当水果食用、入药外，亦可用于煲汤、泡茶、泡酒等。

# 04 木通

编号：**2018334376**

【作物名称】木通，学名 *Akebia quinata* (Houtt.) Decne.，木通科木通属多年生落叶木质藤本植物。木通为阴性植物，喜阴湿，较耐寒，常生长在低海拔山坡林下草丛中。主产于长江流域各省区。

【品种名称】木通，又名瓜蕉、吊壳。

【来源分布】仙居地方品种，历史悠久，本次普查在官路镇谷坦村扛轿田自然村发现。

【特征特性】茎纤细，圆柱形，缠绕，茎皮灰褐色，有圆形、小而凸起的皮孔；芽鳞片覆瓦状排列，淡红褐色。掌状复叶互生或在短枝上的簇生，通常有小叶3片、5片，称3叶木通、5叶木通，叶柄纤细，长4.5～10厘米；小叶纸质，倒卵形或倒卵状椭圆形，长2～5厘米，宽1.5～2.5厘米，小叶柄纤细，长8～10毫米，中间1枚长可达18毫米。伞房花序式的总状花序腋生，长6～12厘米，疏花，基部有雌花1～2朵，其余4～10朵为雄花；总花梗长2～5厘米；着生于缩短的侧枝上，基部为芽鳞片所包托；花略芳香。果孪生或单生，长圆形或椭圆形，长5～8厘米，直径3～4厘米，成熟时紫色，腹缝开裂；种子多数，卵状长圆形，略扁平，不规则的多行排列，着生于白色、多汁的果肉中，种皮褐色或黑色，有光泽。花期4—5月，果期6—8月。

木通果实口感软、甜，风味佳，是山区野外偶见的野生水果，为野外作业、探险、徒步人士所喜爱。

# 05 胡颓子
编号：**2018334377**

【作物名称】胡颓子，学名 *Elaeagnus pungens* Thunb.，胡颓子科胡颓子属多年生常绿直立灌木。

【品种名称】胡颓子，又名山半夏、羊奶子、牛奶子。

【来源分布】为仙居地方品种，历史悠久，本次普查在朱溪镇丰田村发现。

【特征特性】常绿直立灌木，高 3～4 米，具刺，刺顶生或腋生，长 20～40 毫米，有时较短，深褐色。幼枝微扁棱形，密被锈色鳞片，老枝鳞片脱落，黑色，具光泽。叶革质，椭圆形，长 5～10 厘米，宽 1.8～5 厘米，两端钝形或基部圆形，边缘微反卷或皱波状。胡颓子生于海拔 1 000 米以下的向阳山坡或路旁。耐阴一般，喜高温、湿润气候，其耐盐性、耐旱性和耐寒性佳，抗风强。花期 9—12 月，果期翌年 4—6 月。胡颓子的果实刚长出时外层有褐色的鳞片，成熟时呈椭圆形，长 12～14 毫米，果梗长 4～6 毫米，红色，果核内面具白色丝状棉毛。胡颓子的果实可以吃，含有糖类、胡萝卜素、维生素 C 等多种营养成分，适量的食用有生津、止咳、健胃的功效。胡颓子的果实除了可食用外，还有一定的观赏和药用价值，它的果实入药有消食、止痢的功效，可用来治疗肠炎。胡颓子果实酸甜可口，风味独特，也是山区野外偶见的野生水果，为野外作业、探险、徒步人士所喜爱。

第六章

# 附　录

# 一、文件资料

（一）农业部办公厅关于印发《第三次全国农作物种质资源普查与收集行动实施方案》的通知

## 农业部办公厅关于印发《第三次全国农作物种质资源普查与收集行动实施方案》的通知

农办种〔2015〕26 号

有关省、自治区、直辖市农业（农牧、农村经济）厅（委、局）、农业科学院，中国农业科学院作物科学研究所：

为贯彻落实《全国农作物种质资源保护与利用中长期发展规划（2015—2030年）》（农种发〔2015〕2 号），自 2015 年起，农业部组织开展第三次全国农作物种质资源普查与收集行动。现将《第三次全国农作物种质资源普查与收集行动实施方案》印发你们，请按照方案要求，认真贯彻落实。

农业部办公厅

2015 年 7 月 9 日

### 第三次全国农作物种质资源普查与收集行动实施方案

为贯彻落实《全国农作物种质资源保护与利用中长期发展规划（2015—2030年）》（农种发〔2015〕2 号），在财政部支持下，自 2015 年起，农业部组织开展第三次全国农作物种质资源普查与收集行动，特制定本实施方案。

#### 一、目的意义

（一）农作物种质资源是国家关键性战略资源

近年来，随着生物技术的快速发展，各国围绕重要基因发掘、创新和知识产权保护的竞争越来越激烈。人类未来面临的食物、能源和环境危机的解决都有赖于种质资源的占有，作物种质资源越丰富，基因开发潜力越大，生物产业的竞争力就越强。农作物种质资源是保障国家粮食安全、生物产业发展和生态文明建设的关键性战略资源。

（二）我国农作物种质资源家底不清、丧失严重

我国分别于 1956—1957 年、1979—1983 年对农作物种质资源进行了两次普查，但涉及范围小，作物种类少，尚未查清我国农作物种质资源的家底。近年来，随着气候、自然环境、种植业结构和土地经营方式等的变化，导致大量地方品种迅速消失，作物野生近缘植物资源也因其赖以生存繁衍的栖息地遭受破坏而急剧减少。因此，尽快开展农作物种质资源的全面普查和抢救性收集，查清我国农作物种质资源家底，保护携带重要基因的资源十分迫切。

（三）丰富我国农作物种质资源基因库，提升竞争力

通过开展农作物种质资源普查与收集，明确不同农作物种质资源的品种多样性和演化特征，预测今后农作物种质资源的变化趋势，丰富国内农作物种质资源的数量和多样性，不仅能够防止具有重要潜在利用价值种质资源的灭绝，而且通过妥善保存，能够为未来国家生物产业的发展提供源源不断的基因资源，提升国际竞争力。

**二、目标任务**

（一）农作物种质资源普查和征集

对 31 个省（区、市）2 228 个农业县（市）开展各类作物种质资源的全面普查，基本查清各类作物的种植历史、栽培制度、品种更替、社会经济和环境变化，以及重要作物的野生近缘植物种类、地理分布、生态环境和濒危状况等重要信息。填写《第三次全国农作物种质资源普查与收集行动基本情况表》。在此基础上，征集各类栽培作物和珍稀、濒危作物野生近缘植物的种质资源 40 000 ～ 45 000 份。填写《第三次全国农作物种质资源普查与收集行动种质资源征集表》。

（二）农作物种质资源系统调查和抢救性收集

在普查基础上，选择 665 个农作物种质资源丰富的农业县（市）进行各类作物种质资源的系统调查，抢救性收集各类栽培作物的古老地方品种、种植年代久远的育成品种、重要作物的野生近缘植物以及其他珍稀、濒危野生植物种质资源 55 000 ～ 60 000 份。填写《第三次全国农作物种质资源普查与收集行动种质资源收集表》。

（三）农作物种质资源鉴定评价和编目保存

在适宜的生态区域，对征集和收集的种质资源进行繁殖和基本生物学特征特性的鉴定评价，经过整理、整合并结合农民认知进行编目，入库（圃）妥善保存各类

作物种质资源 70 000 份左右。

（四）农作物种质资源数据库建设

建立全国农作物种质资源普查数据库和编目数据库，编写全国农作物种质资源普查报告、系统调查报告、种质资源目录和重要作物种质资源图集等技术报告，按照国家有关规定向国内开放共享。

### 三、实施范围、期限与进度

（一）实施范围

北京、天津、河北、山西、内蒙古、辽宁、吉林、黑龙江、上海、江苏、浙江、安徽、福建、江西、山东、河南、湖北、湖南、广东、广西、海南、重庆、四川、贵州、云南、西藏、陕西、甘肃、青海、宁夏、新疆 31 个省（区、市）。

（二）实施期限

2015 年 1 月 1 日至 2020 年 12 月 31 日。

（三）实施进度

2015—2018 年，以农作物种质资源普查与征集、系统调查和抢救性收集为主；2018—2020 年集中进行农作物种质资源的种植、鉴定、评价、编目、入库保存。

### 四、任务分工及运行方式

（一）任务分工

1. 中国农业科学院作物科学研究所

负责普查与收集行动的组织实施和日常管理。研究提出实施方案和管理办法；编制普查与征集、系统调查和抢救性收集等相关技术标准、规范和培训教材，并组织开展技术培训；指导并参与各省（区、市）农作物种质资源的普查征集、调查收集；协同开展种质资源表型鉴定与基因型鉴定，编制种质资源目录，妥善入库（圃）保存；建立全国农作物种质资源普查与调查数据库；编制行动进展报告，提出农作物种质资源保护与可持续利用建议。

2. 省级种子管理机构

负责组织本辖区内农业县（市）的农作物种质资源的全面普查和征集。参与组织普查与征集人员培训，建立省级种质资源普查与调查数据库。

3. 县级农业局

承担本县（市、区）农作物种质资源的全面普查和征集。组织普查人员对辖区内的种质资源进行普查，并将数据录入数据库；每个县征集当地古老、珍稀、特有、名优作物地方品种和作物野生近缘植物种质资源 20～30 份，并将征集的农作物种质资源送交本省农业科学院。

4.省级农业科学院

负责组织本辖区内农作物种质资源丰富县（市）的系统调查和抢救性收集，每个县抢救性收集各类作物种质资源 80～100 份，妥善保存本省征集和收集的各类作物种质资源，以及繁殖、鉴定、评价，并将鉴定结果和种质资源提交国家作物种质库（圃）。

5.中国农业科学院相关研究所及其他相关科研机构

根据各省（区、市）农作物种质资源的类别和系统调查的实际需求，中国农业科学院水稻研究所、油料作物研究所、棉花研究所、果树研究所、蔬菜花卉研究所、麻类作物研究所等，参加各省（区、市）相应作物种质资源的系统调查和抢救性收集。同时邀请中国科学院、农业大专院校等科研机构的专业技术人员，参与本专业作物种质资源系统调查和抢救性收集。

（二）运行方式

中国农业科学院作物科学研究所统一制定各类标准、设计各类表格、编制培训材料、组织技术培训；省级种子管理机构协调有关县的农作物种质资源全面普查和征集，汇总有关县提交的普查信息，审核通过后提交国家种质信息中心；省级农业科学院组织农作物种质资源丰富县（市）的系统调查和抢救性收集，对各县征集和收集的种质资源进行鉴定评价编目后，提交国家作物种质库（圃）妥善保存。运行方式见下图。

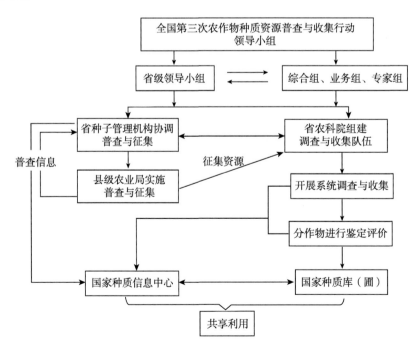

## 五、重点工作

### （一）组建普查与收集专业队伍

相关省级种子管理机构指导有关县农业局，组建由专业技术人员构成的普查工作组，相关省级农业科学院组织种质资源、作物育种与栽培、植物分类学等专业人员组建系统调查课题组，分别开展农作物种质资源普查与征集、系统调查与抢救性收集工作。

### （二）开展技术培训

中国农业科学院作物科学研究所组织制定种质资源普查、系统调查和采集标准；设计制作种质资源普查、系统调查和采集表格；编制培训教材。

1.分省举办种质资源普查与征集培训班

主要内容包括：解读农作物种质资源普查与收集行动实施方案及管理办法，培训文献资料查阅、资源分类、信息采集、数据填报、样本征集、资源保存等方法，以及如何与农户座谈交流等。

2.每年举办 1 次系统调查与抢救性收集培训

主要内容包括：解读农作物种质资源普查与收集行动实施方案及管理办法，培训资源目录查阅核对、调查点遴选、仪器设备使用、信息采集、数据填报、资源收集、妥善保存、鉴定评价等。

### （三）加强项目督导

农业部种子管理局会同中国农业科学院作物科学研究所等单位，通过中期检查、年终总结和随机检查等方式，对各省执行进度和完成情况进行督导，确保行动方案稳步推进、顺利实施。

### （四）加强宣传引导

组织人民日报、农民日报、中央电视台等媒体跟踪报道，宣传本次种质资源普查与收集行动的重要意义和主要成果，提升全社会参与保护作物种质资源多样性的意识和行动，推动农作物种质资源保护与利用可持续发展。

## 六、保障措施

### （一）成立领导小组

农业部成立第三次全国农作物种质资源普查与收集行动领导小组。余欣荣副部长任组长，农业部种子局、中国农业科学院负责人任副组长，成员包括：农业部种子局、财务司、科教司、种植业司、农垦局、畜牧业司等司局负责人，各省（区、市）农业（农牧、农村经济）厅（委、局）负责人，中国农业科学院作物科学研究所主要负责人等。主要职责是，研究协调农作物种质资源普查与收集行动的资金争取、政策支持、人员调配等重大问题，审定农作物种质资源普查与收集行动实施方案和管理办法。领导小组下设综合组、业务组和专家组。

1. 综合组

农业部种子局会同财务司、中国农业科学院作物科学研究所成立综合组。主要职责：负责落实领导小组决定的重要事项；组织制定农作物种质资源普查与收集行动实施方案及管理办法；协调省级种子管理机构开展农作物种质资源普查与征集，以及省级农业科学院开展农作物种质资源系统调查与收集；组织调度工作进展、开展宣传等工作。

2. 业务组

中国农业科学院作物科学研究所会同相关研究所成立业务组。主要职责是：根据各作物种质资源状况，指导各省级种子管理机构、农业科学院，组织相关专业技术人员，分别组建普查工作组、系统调查课题组，开展相关工作。

3. 专家组

成立以中国农业科学院和相关大专院校知名专家组成的专家组。主要职责是：制定技术路线，提供技术咨询，评价项目实施。

相关省（区、市）农业（农牧、农村经济）厅（委、局）成立省级领导小组，农业厅领导任组长，省级农业科学院和省级种子管理机构主要负责人任副组长，负责本辖区农作物种质资源普查与收集行动的组织协调与监督管理。

（二）强化经费保障

按照第三次全国农作物种质资源普查与收集行动工作要求和进度安排，加大经费支持力度，保障农作物种质资源普查与收集工作实施。

（三）制定管理办法

制定第三次全国农作物种质资源普查与收集行动专项管理办法。对人员、财务、物资、资源、信息等进行规范管理，对建立的数据库和专项成果等按照国家法律法规及相关规定实现共享；制定资金管理办法，明确经费预算、使用范围、支付方式、运转程序、责任主体等。

（二）浙江省农业厅关于印发《浙江省农作物种质资源普查与收集行动实施方案》的通知

# 浙江省农业厅文件

浙农专发〔2017〕34 号

## 浙江省农业厅关于印发《浙江省农作物种质资源普查与收集行动实施方案》的通知

各市、县（市、区）农业局，有关单位：

根据《第三次全国农作物种质资源普查与收集行动实施方案》（农办种〔2015〕26 号）、《第三次全国农作物种质资源普查与收集行动 2017 年实施方案》（农办种〔2017〕8 号）要求，为做好我省农作物种质资源普查与收集工作，我厅组织制定了《浙江省农作物种质资源普查与收集行动实施方案》，现印发给你们。请遵照本方案要求，认真抓好落实。

浙江省农业厅

2017 年 4 月 13 日

# 浙江省农作物种质资源普查与收集行动实施方案

根据农业部统一部署，2017 年起浙江省将全面开展农作物种质资源普查和收集工作。为确保本次普查与收集工作的顺利实施，加大农作物种质资源保护力度，强化农作物新种质创制、鉴定与利用研究，根据《全国农作物种质资源保护与利用中长期发展规划（2015—2030 年）》（农种发〔2015〕2 号）《第三次全国农作物种质资源普查与收集行动实施方案》（农办种〔2015〕26 号），结合浙江省实际情况，特制定本实施方案。

## 一、目的意义

（一）农作物种质资源普查与收集是对珍稀、濒危作物野生种质资源进行抢救性保护的重要举措

浙江位于东海之滨，地貌多样，气候多宜，生态类型多样，农作物种类繁多，是全国种质资源较为丰富省份之一。近年来，受气候、耕作制度和农业经营方式变化，特别是城镇化、工业化快速发展的影响，导致大量地方品种迅速消失，作物野生近缘植物资源也因其赖以生存繁衍的栖息地遭受破坏而急剧减少。全面普查浙江省农作物种质资源，抢救性收集和保护珍稀、濒危作物野生种质资源和特色地方品种，对保护浙江省农作物种质资源的多样性，维护农业可持续发展的生态资源环境具有重要意义。

（二）农作物种质资源保护是丰富浙江省农作物基因库的重要途径

近年来，随着生物技术的快速发展，各国围绕重要基因发掘、创新和利用的竞争越来越激烈。中华人民共和国成立以来，浙江省开展过两次农作物种质资源调查工作，获得一大批资源材料，但由于当时技术落后、保存设施匮乏、基础研究不足，许多资源无法保存以致丧失，优异种质和基因资源发掘利用严重滞后。通过开展农作物种质资源普查和收集，摸清浙江省农作物种质资源的家底，收集一批珍稀种质资源，并对收集的种质资源进行鉴定、保存，深入研究、发掘优异基因，丰富浙江省种质资源的遗传多样性，为浙江省农作物育种产业发展提供源源不断的新资源、新基因和新种质。

（三）农作物种质资源保护利用是提升浙江省种业和农业核心竞争力的强有力支撑

农作物种质资源是现代种业和农业发展的物质基础和"生命线"。多年来，浙江省收集保存的种质资源在科研育种中发挥了巨大作用，育种单位先后利用优异种质资源育成了一大批优良品种，为粮食生产安全、丰富"菜篮子"作出了积极贡献。但目前品种选育普遍受农作物遗传背景狭窄的制约，品种同质化现象严重，突破性品种少，无法形成种业核心竞争力。因此，要积极抓住第三次全国农作物种质资源普查与收集行动的机遇，加大经费投入，建立和完善种质资源保护与研究利用体系，加强种质资源普查、收集与深入研究，不断创制新种质，为建设一批全国性、世界性的种质资源圃（场、库），大力培育品种多样的特色农产品打好基础，提升浙江省种业科技创新能力和核心竞争力，保障粮食安全和农产品有效供给。

**二、目标任务**

（一）农作物种质资源普查和征集

对全省 63 个市、县（市、区）（附表 1）开展各类作物种质资源的全面普查，基本查清各类作物的种植历史、栽培制度、品种更替、社会经济和环境变化，以及重要作物的野生近缘植物种类、地理分布、生态环境和濒危状况等重要信息。填写《第三次全国农作物种质资源普查与收集行动普查表》（附表 2）。在此基础上，征集各类古老、珍稀、特色、名优的作物地方品种和野生近缘植物种质资源1 200～1 800 份。填写《第三次全国农作物种质资源普查与收集行动征集表》（附表 3）。

（二）农作物种质资源系统调查和抢救性收集

在普查基础上，选择 19 个农作物种质资源丰富的市、县（市、区）（附表 4）进行各类作物种质资源的系统调查，调查各类农作物种质特征特性、地理分布、历史演变、栽培方式、利用价值、濒危状况和保护利用情况。填写《第三次全国农作物种质资源普查与收集行动调查表》（附表 5）。抢救性收集各类栽培作物的古老地方品种、种植年代久远的育成品种、重要作物的野生近缘植物以及其他珍稀、濒危野生植物种质资源。收集各类农作物种质资源 1 500～1 900 份。

（三）农作物种质资源扩繁、鉴定和保存

对征集和收集到的种质资源进行扩繁和基本生物学特征特性鉴定评价，经过整理、整合并结合农民认知进行编目，提交到国家作物种质库（圃）和浙江省种质库（圃）保存各类作物种质资源 1 200 份。同时对初步鉴定出来的优异种质资源，集中开展 1 500 份资源的鉴定和评价。

（四）农作物种质资源数据库建设

对普查与征集、系统调查与抢救性收集、鉴定评价与编目等数据、信息进行系统整理，按照统一标准和规范建立全省农作物种质资源普查数据库和编目数据库，编写全省农作物种质资源普查报告、系统调查报告、种质资源目录和重要作物种质资源图集等技术报告。

**三、实施范围、期限与进度**

（一）实施范围

63 个普查市、县（市、区），19 个系统调查市、县（市、区）。

（二）实施期限

2017 年 4 月至 2019 年 12 月。

（三）进度安排

1. 普查与征集阶段

2017 年 4—12 月，63 个普查市、县（市、区）组建由专业技术人员构成的普查队伍，开展普查与征集工作，每个县征集各种地方品种、野生近缘植物 20 ～ 30 份。

2. 调查与收集阶段

2017 年 4—12 月，省农业科学院组织专业人员组成的系统调查队伍，完成 5 个县（市、区）系统调查与抢救性收集工作。2018 年完成其他 14 个县（市、区）调查与收集工作。每个县抢救性收集各类作物种质资源 80 ～ 100 份。

3. 繁殖鉴定与提交保存阶段

2018—2019 年，省农业科学院组织对征集和收集的各类农作物种质资源进行繁殖、鉴定、评价和整理编目，并提交国家作物种质库（圃）保存。

**四、任务分工**

（一）省农业科学院

组建由粮油、蔬菜、园艺、牧草等专业技术人员组成的系统调查队伍，参与组织全省 63 个普查市、县（市、区）的农作物种质资源的全面普查和征集。重点负责 19 个调查市、县（市、区）的农作物种质资源的系统调查和抢救性收集，其中 2017 年调查淳安、建德、宁海、奉化、苍南 5 个县，其余 14 个县在 2018 年完成。每个县抢救性收集各类作物种质资源 80 ～ 100 份；妥善保存本省征集和收集的各类作物种质资源，以及繁殖、鉴定、评价，并将鉴定结果和种质资源提交国家作物种质库（圃）。参加普查信息汇总、审核、建立数据库等工作。

（二）省种子管理总站

负责组织全省 63 个普查市、县（市、区）的农作物种质资源的全面普查和征集。参与组织普查与征集人员培训；汇总普查县（市、区）提交的普查信息，审核通过后提交国家种质信息中心；建立省级种质资源普查与调查数据库。

（三）市种子管理站

负责对辖区内各普查县（市、区）技术指导、工作督查及材料审核。

（四）县级农业局

承担本县（市、区）农作物种质资源的全面普查和征集。组织普查人员对辖区内的种质资源进行普查，并将数据录入数据库；每个县征集当地古老、珍稀、特有、名优作物地方品种和作物野生近缘植物种质资源 20～30 份，并按技术要求将征集的农作物种质资源送交省农业科学院。

（五）其他相关科研机构

根据浙江省农作物种质资源的类别和系统调查的实际需求，邀请省农业科学院有关研究所的专业技术人员，参与本专业作物种质资源系统调查和抢救性收集。

五、重点工作

（一）组建普查与收集专业队伍

各普查县（市、区）农业主管部门组织专业技术人员组建普查工作组，开展本辖区农作物种质资源普查与征集工作；省农业科学院组织种质资源、作物育种与栽培、植物分类学等专业人员组建系统调查课题组，开展农作物种质资源系统调查与抢救性收集工作。

（二）开展技术培训与指导

协助农业部种子管理局和中国农业科学院作物科学研究所办好浙江省农作物种质资源普查与征集培训班；主要内容包括：解读农作物种质资源普查与收集行动实施方案及管理办法，培训文献资料查阅、资源分类、信息采集、数据填报、样本征集、资源保存等方法，以及如何与农户座谈交流等。针对普查与收集行动过程中出现的技术问题及时进行指导。

（三）实施普查和收集行动

各责任单位和普查工作组，要按照本方案的要求，认真做好农作物种质资源的普查和收集工作，做到特有资源不缺项，重要资源不遗漏，信息采集详尽，数据填报真实，样本征集具有典型和代表性，按时按质按量完成普查和收集工作。

六、保障措施

（一）成立领导小组，加强组织保障

成立浙江省农作物种质资源普查与征集行动领导小组，由省农业厅副厅长陈利江任组长，省农业科学院科研处处长戚行江、省种子管理总站站长施俊生任副组长，省农业厅科教处、计财处、种植业管理局、农技推广中心以及省农业科学院科研处、作核所、蔬菜所、园艺所等单位负责人为成员，全面负责本次普查与收集行动的政策协调、方案制定、经费保障和检查督导。领导小组办公室设在省种子管理总站，施俊生同志任办公室主任。

（二）成立专家组，提供技术保障

成立由省农业厅、省农业科学院相关专家组成的专家组（附表6）。负责制定技术路线，开展技术培训，提供技术咨询，实施项目评价等。相关县（市、区）农业主管部门成立组织机构，负责本辖区农作物种质资源普查与收集行动的组织协调与监督管理。

（三）加强工作督导，规范项目管理

按照第三次全国农作物种质资源普查与收集行动专项管理办法，加强人员、财务、物资、资源、信息等规范管理，对建立的数据库和专项成果等按照国家法律法规及相关规定实现共享；按照资金管理办法，严格经费预算、使用范围、支付方式、运转程序、责任主体等。

（四）加强宣传引导，提升保护意识

积极组织报刊、电台、电视台等媒体跟踪报道，宣传本次种质资源普查与收集行动的重要意义和主要成果，提升全社会参与保护农作物种质资源多样性的意识和行动，确保此次普查与收集行动取得实效，切实推动农作物种质资源保护与利用可持续发展。

**附表：**

附表1. 第三次全国农作物种质资源普查与收集行动浙江省普查县名单（63个）

附表2. "第三次全国农作物种质资源普查与收集"普查表

附表3. "第三次全国农作物种质资源普查与收集"种质资源征集表

附表4. 第三次全国农作物种质资源普查与收集行动浙江省系统调查县名单（19个）

附表5. "第三次全国农作物种质资源普查与收集"调查表

　　　　——粮食、油料、蔬菜及其他一年生作物

　　　　"第三次全国农作物种质资源普查与收集"调查表

　　　　——果树、茶、桑及其他多年生作物

附表6. 浙江省农作物种质资源普查与收集行动专家组名单

附表1

# 第三次全国农作物种质资源普查与收集行动
# 浙江省普查县名单（63个）

| 序号 | 普查县（市、区） | 备注 | 序号 | 普查县（市、区） | 备注 |
|---|---|---|---|---|---|
| 1 | 桐庐县 | 杭州市 | 33 | 武义县 | 金华市 |
| 2 | 淳安县 | | 34 | 浦江县 | |
| 3 | 建德市 | | 35 | 磐安县 | |
| 4 | 富阳市 | | 36 | 兰溪市 | |
| 5 | 萧山区 | | 37 | 义乌市 | |
| 6 | 象山县 | 宁波市 | 38 | 东阳市 | |
| 7 | 宁海县 | | 39 | 永康市 | |
| 8 | 余姚市 | | 40 | 柯城区 | 衢州市 |
| 9 | 慈溪市 | | 41 | 衢江区 | |
| 10 | 奉化市 | | 42 | 常山县 | |
| 11 | 瓯海区 | 温州市 | 43 | 开化县 | |
| 12 | 洞头县 | | 44 | 龙游县 | |
| 13 | 永嘉县 | | 45 | 江山市 | |
| 14 | 平阳县 | | 46 | 舟山市 | 舟山市 |
| 15 | 苍南县 | | 47 | 黄岩区 | 台州市 |
| 16 | 文成县 | | 48 | 路桥区 | |
| 17 | 泰顺县 | | 49 | 玉环县 | |
| 18 | 瑞安市 | | 50 | 三门县 | |
| 19 | 乐清市 | | 51 | 天台县 | |
| 20 | 嘉善县 | 嘉兴市 | 52 | 仙居县 | |
| 21 | 海盐县 | | 53 | 温岭市 | |
| 22 | 海宁市 | | 54 | 临海市 | |
| 23 | 平湖市 | | 55 | 青田县 | 丽水市 |
| 24 | 桐乡市 | | 56 | 缙云县 | |

（续表）

| 序号 | 普查县（市、区） | 备注 | 序号 | 普查县（市、区） | 备注 |
|---|---|---|---|---|---|
| 25 | 吴兴区 | 湖州市 | 57 | 遂昌县 | 丽水市 |
| 26 | 德清县 | | 58 | 松阳县 | |
| 27 | 长兴县 | | 59 | 云和县 | |
| 28 | 安吉县 | | 60 | 庆元县 | |
| 29 | 上虞区 | 绍兴市 | 61 | 景宁畲族自治县 | |
| 30 | 新昌县 | | 62 | 龙泉市 | |
| 31 | 诸暨市 | | 63 | 莲都区 | |
| 32 | 嵊州市 | | | | |

附表 2

# "第三次全国农作物种质资源普查与收集"普查表

## （1956 年、1981 年、2014 年）

填表人：＿＿＿＿日期：＿＿年＿月＿日　　联系电话：＿＿＿＿＿＿＿

一、基本情况

（一）县名：＿＿＿＿＿＿＿＿＿＿＿＿＿＿＿＿＿＿＿＿＿＿＿＿＿

（二）历史沿革（名称、地域、区划变化）：＿＿＿＿＿＿＿＿＿＿＿

（三）行政区划：县辖＿＿个乡（镇）＿＿个村，县城所在地＿＿＿＿

（四）地理系统：

县海拔范围＿＿＿～＿＿＿米，经度范围＿＿＿°～＿＿＿°

纬度范围＿＿＿°～＿＿＿°，年均气温＿＿＿℃，年均降水量＿＿＿毫米

（五）人口及民族状况：

总人口数＿＿＿＿＿万人，其中农业人口＿＿＿＿＿＿万人

少数民族数量＿＿＿个，其中人口总数排名前 10 的民族信息：

民族＿＿＿＿＿人口＿＿＿万，民族＿＿＿＿＿人口＿＿＿万

民族＿＿＿＿＿人口＿＿＿万，民族＿＿＿＿＿人口＿＿＿万

民族＿＿＿＿＿人口＿＿＿万，民族＿＿＿＿＿人口＿＿＿万

民族＿＿＿＿＿人口＿＿＿万，民族＿＿＿＿＿人口＿＿＿万

民族＿＿＿＿＿人口＿＿＿万，民族＿＿＿＿＿人口＿＿＿万

（六）土地状况：

县总面积＿＿＿＿＿平方千米，耕地面积＿＿＿＿＿万亩

草场面积＿＿＿＿＿万亩，林地面积＿＿＿＿＿万亩

湿地（含滩涂）面积＿＿＿＿＿万亩，水域面积＿＿＿＿＿万亩

（七）经济状况：

生产总值＿＿＿＿＿万元，工业总产值＿＿＿＿＿万元

农业总产值＿＿＿＿＿万元，粮食总产值＿＿＿＿＿万元

经济作物总产值＿＿＿＿＿万元，畜牧业总产值＿＿＿＿＿万元

水产总产值＿＿＿＿＿万元，人均收入＿＿＿＿＿元

（八）受教育情况：

高等教育＿＿%，中等教育＿＿%，初等教育＿＿%，未受教育＿＿%

（九）特有资源及利用情况：＿＿＿＿＿＿＿＿＿＿＿＿＿＿＿＿＿＿

＿＿＿＿＿＿＿＿＿＿＿＿＿＿＿＿＿＿＿＿＿＿＿＿＿＿＿＿＿＿

（十）当前农业生产存在的主要问题：＿＿＿＿＿＿＿＿＿＿＿＿＿＿

（十一）总体生态环境自我评价：□ 优 □ 良 □ 中 □ 差

（十二）总体生活状况（质量）自我评价：□ 优 □ 良 □ 中 □ 差

（十三）其他：＿＿＿＿＿＿＿＿＿＿＿＿＿＿＿＿＿＿＿＿＿＿＿＿

＿＿＿＿＿＿＿＿＿＿＿＿＿＿＿＿＿＿＿＿＿＿＿＿＿＿＿＿＿＿

二、全县种植的粮食作物情况

| 作物种类 | 种植面积（亩） | 种植品种数目 | | | | | | | | | | | | 具有保健、药用、工艺品、宗教等特殊用途品种 | | |
|---|---|---|---|---|---|---|---|---|---|---|---|---|---|---|---|---|
| | | 地方品种 | | | | 培育品种 | | | | | | | | | | |
| | | 数目 | 代表性品种 | | | 数目 | 代表性品种 | | | | | | 名称 | 用途 | 单产（千克/亩） |
| | | | 名称 | 面积（亩） | 单产（千克/亩） | | 名称 | 面积（亩） | 单产（千克/亩） | | | | | | |
| | | | | | | | | | | | | | | | |
| | | | | | | | | | | | | | | | |
| | | | | | | | | | | | | | | | |
| | | | | | | | | | | | | | | | |

注：表格不足请自行补足。

三、全县种植的油料、蔬菜、果树、茶、桑、棉麻等主要经济作物情况

| 作物种类 | 种植面积（亩） | 种植品种数目 | | | | | | | | | | | 具有保健、药用、工艺品、宗教等特殊用途品种 | | |
|---|---|---|---|---|---|---|---|---|---|---|---|---|---|---|---|
| | | 地方或野生品种 | | | | 培育品种 | | | | | | | 名称 | 用途 | 单产（千克/亩） |
| | | 数目 | 代表性品种 | | | 数目 | 代表性品种 | | | | | | | | |
| | | | 名称 | 面积（亩） | 单产（千克/亩） | | 名称 | 面积（亩） | 单产（千克/亩） | | | | | | |
| | | | | | | | | | | | | | | | |
| | | | | | | | | | | | | | | | |
| | | | | | | | | | | | | | | | |
| | | | | | | | | | | | | | | | |

注：表格不足请自行补足。

附表 3

# "第三次全国农作物种质资源普查与收集"
# 种质资源征集表

注：* 为必填项

| 样品编号 * | | | 日 期 * | 年 月 日 | |
|---|---|---|---|---|---|
| 普查单位 * | | | 填表人及电话 * | | |
| 地点 * | | 省　　　市　　　县　　　乡（镇）　　　村 | | | |
| 经度 | | 纬度 | | 海拔 | |
| 作物名称 | | | 种质名称 | | |
| 科名 | | | 属名 | | |
| 种名 | | | 学名 | | |
| 种质类型 | □地方品种 □选育品种 □野生资源 □其他 | | | | |
| 种质来源 | □当地 □外地 □外国 | | | | |
| 生长习性 | □一年生 □多年生 □越年生 | | 繁殖习性 | □有性 □无性 | |
| 播种期 | （ ）月 □上旬 □中旬 □下旬 | | 收获期 | （ ）月 □上旬 □中旬 □下旬 | |
| 主要特性 | □高产 □优质 □抗病 □抗虫 □耐盐碱 □抗旱<br>□广适 □耐寒 □耐热 □耐涝 □耐贫瘠 □其他 | | | | |
| 其他特性 | | | | | |
| 种质用途 | □食用 □饲用 □保健药用 □加工原料 □其他 | | | | |
| 利用部位 | □种子（果实）□根 □茎 □叶 □花 □其他 | | | | |
| 种质分布 | □广 □窄 □少 | | 种质群落（野生） | □群生 □散生 | |
| 生态类型 | □农田 □森林 □草地 □荒漠 □湖泊 □湿地 □海湾 | | | | |
| 气候带 | □热带 □亚热带 □暖温带 □温带 □寒温带 □寒带 | | | | |
| 地形 | □平原 □山地 □丘陵 □盆地 □高原 | | | | |
| 土壤类型 | □盐碱土 □红壤 □黄壤 □棕壤 □褐土 □黑土 □黑钙土<br>□栗钙土 □漠土 □沼泽土 □高山土 □其他 | | | | |
| 采集方式 | □农户搜集 □田间采集 □野外采集 □市场购买 □其他 | | | | |
| 采集部位 | □种子 □植株 □种茎 □块根 □果实 □其他 | | | | |

| 样品数量 | （  ）粒（  ）克（  ）个／条／株 |
|---|---|
| 样品照片 | |
| 是否采集标本 | □是 □否 |
| 提供人 | 姓名：____性别：_民族：__年龄：__联系电话：_____ |
| 备　注 | |

## 填写说明

本表为征集资源时所填写的资源基本信息表，一份资源填写一张表格。

1.样品编号：征集的资源编号。由 P＋县代码＋3 位顺序号组成，共 10 位，顺序号由 001 开始递增，如"P430124008"。

2.日期：分别填写阿拉伯数字，如 2011、10、1。

3.普查单位：组织实地普查与征集单位的全称。

4.填表人及电话：填表人全名和联系电话。

5.地点：分别填写完整的省、市、县、乡（镇）和村的名字。

6.经度、纬度：直接从 GPS 上读数，请用"度"格式，即 ddd.dddddd（只需填写数字），不要用 dd 度 mm 分 ss 秒格式和 dd 度 mm.mmmm 分格式。一定要在 GPS 显示已定位后再读数！

7.海拔：直接从 GPS 上读数。

8.作物名称：该作物种类的中文名称，如水稻、小麦等。

9.种质名称：该份种质的中文名称。

10.科名、属名、种名、学名：填写拉丁名和中文名。

11.种质类型：单选，根据实际情况选择。

12.生长习性：单选，根据实际情况选择。

13.繁殖习性：单选，根据实际情况选择。

14.播种期、收获期：括号内填写月份的阿拉伯数字，再选择上、中、下旬。

15.主要特性：可多选，根据实际情况选择。

16.其他特性：该资源的其他重要特性。

17.种质用途：可多选，根据实际情况选择。

18.种质分布、种质群落：单选，根据实际情况选择。

19.生态类型：单选，根据实际情况选择。

20. 气候带：单选，根据实际情况选择。

21. 地形：单选，根据实际情况选择。

22. 土壤类型：单选，根据实际情况选择。

23. 采集方式：单选，根据实际情况选择。

24. 采集部位：可多选，根据实际情况选择。

25. 样品数量：按实际情况选择粒、克或个 / 条 / 份，填写阿拉伯数字。

26. 样品照片：样品的全写、典型特征和样品生境照片的文件名，采用"样品编号"–1、"样品编号"–2 ……的方式对照片文件进行命名，如"P430124008–1. jpg"。

27. 是否采集标本：单选，根据实际情况选择。

28. 提供人：样品提供人（如农户等）的个人信息。

29. 备注：如表格填写项不足以描述该资源的情况，或普查人员觉得必须要加以记载的其他信息，请在此作详细描述。

附表 4

# 第三次全国农作物种质资源普查与收集行动
# 浙江省系统调查县名单（19 个）

| 序号 | 调查县 | 备注 |
|---|---|---|
| 1 | 淳安县 | 杭州市 |
| 2 | 建德市 | |
| 3 | 宁海县 | 宁波市 |
| 4 | 奉化市 | |
| 5 | 苍南县 | 温州市 |
| 6 | 瑞安市 | |
| 7 | 嘉善县 | 嘉兴市 |
| 8 | 桐乡市 | |
| 9 | 长兴县 | 湖州市 |
| 10 | 诸暨市 | 绍兴市 |
| 11 | 武义县 | 金华市 |
| 12 | 磐安县 | |
| 13 | 衢江区 | 衢州市 |
| 14 | 开化县 | |
| 15 | 舟山市 | 舟山市 |
| 16 | 黄岩区 | 台州市 |
| 17 | 仙居县 | |
| 18 | 庆元县 | 丽水市 |
| 19 | 景宁畲族自治县 | |

附表 5

# "第三次全国农作物种质资源普查与收集"调查表
## ——粮食、油料、蔬菜及其他一年生作物

□ 未收集的一般性资源　　□ 特有和特异资源

1. 样品编号：＿＿＿＿＿＿，日期：＿＿＿年＿＿＿月＿＿＿日

采集地点：＿＿＿＿＿＿＿＿＿＿，样品类型：＿＿＿＿＿＿＿＿＿＿，

采集者及联系方式：＿＿＿＿＿＿＿＿＿＿＿＿＿＿＿＿＿＿＿

2. 生物学：物种拉丁名：＿＿＿，作物名称：＿＿＿＿，品种名称：＿＿＿＿

俗名：＿＿＿＿，生长发育及繁殖习性＿＿＿＿，其他：＿＿＿＿＿＿＿

3. 品种类别：□ 野生品种，□ 地方品种，□ 育成品种，□ 引进品种

4. 品种来源：□ 前人留下，□ 换种，□ 市场购买，□ 其他途径：＿＿＿＿

5. 该品种已种植了大约＿＿＿＿年，在当地大约有 ＿＿＿＿农户种植该品种

该品种在当地的种植面积大约有＿＿＿＿亩

6. 该品种的生长环境：GPS 定位：海拔：＿＿＿米，经度：＿＿＿°，纬度：＿＿＿°

土壤类型：＿＿＿＿＿＿＿＿，分布区域：＿＿＿＿＿＿＿＿＿＿

伴生、套种或周围种植的作物种类：＿＿＿＿＿＿＿＿＿＿＿＿＿＿＿

7. 种植该品种的原因：□ 自家食用，□ 市场出售，□ 饲料用，□ 药用，□ 观赏

□ 其他用途：＿＿＿＿＿＿＿＿＿＿＿＿＿＿＿＿＿＿＿

8. 该品种若具有高效（低投入，高产出）、保健、药用、工艺品、宗教等特殊

用途：

具体表现：＿＿＿＿＿＿＿＿＿＿＿＿＿＿＿＿＿＿＿＿＿＿＿

具体利用方式与途径：＿＿＿＿＿＿＿＿＿＿＿＿＿＿＿＿＿＿

9. 该品种突出的特点（具体化）：

优质：＿＿＿＿＿＿＿＿＿＿＿＿＿＿＿＿＿＿＿＿＿＿＿＿

抗病：＿＿＿＿＿＿＿＿＿＿＿＿＿＿＿＿＿＿＿＿＿＿＿＿

抗虫：＿＿＿＿＿＿＿＿＿＿＿＿＿＿＿＿＿＿＿＿＿＿＿＿

抗寒：＿＿＿＿＿＿＿＿＿＿＿＿＿＿＿＿＿＿＿＿＿＿＿＿

抗旱：_____

耐贫瘠：_____

产量：平均单产____ 千克／亩，最高单产_____ 千克／亩

其他：_____

10. 利用该品种的部位：□ 种子，□ 茎，□ 叶，□ 根，□ 其他：_____

11. 该品种株高_____ 厘米，穗长_____厘米，籽粒：□ 大，□ 中，□ 小

品质：□ 优，□ 中，□ 差

12. 该品种大概的播种期：_____，收获期：_____

13. 该品种栽种的前茬作物：_____，后茬作物：_____

14. 该品种栽培管理要求（病虫害防治、施肥、灌溉等）：

_____

15. 留种方法及种子保存方式：_____

16. 样品提供者：姓名：_____，性别：_____，民族：_____

年龄：____，文化程度：_____，家庭人口：_____ 人，

联系方式：_____

17. 照相：样品照片编号：_____

注：照片编号与样品编号一致，若有多张照片，用"样品编号"加"–"加序号，样品提供者、生境、伴生物种、土壤等照片的编号与样品编号一致。

18. 标本：标本编号：

注：在无特殊情况下，每份野生资源样品都必须制作 1 ～ 2 个相应材料的典型、完整的标本，标本编号与样品编号一致，若有多个标本，用"样品编号"加"–"加序号。

19. 取样：在无特殊情况下，地方品种、野生种每个样品（品种）都必须从田间不同区域生长的至少 50 个单株上各取 1 个果穗，分装保存，确保该品种的遗传多样性，并作为今后繁殖、入库和研究之用；栽培品种选取 15 个典型植株各取 1 个果穗混合保存。

20. 其他需要记载的重要情况：

_____

# "第三次全国农作物种质资源普查与收集"调查表
## ——果树、茶、桑及其他多年生作物

1. 样品编号：_____，日期：_____年_____月_____日

采集地点：_____，样品类型：_____，采集者及联系方式：

_____

2. 生物学：物种拉丁名：_____，作物名称：_____，品种名称：_____

俗名：_____，分布区域_____，历史演变_____

伴生物种_____，生长发育及繁殖习性_____，极端生物学特性：_____

其他：_____

3. 地理系统：GPS 定位：海拔：_____米，经度：_____°，纬度：_____°

地形：_____，地貌：_____，年均气温：_____℃

年均降水量：_____毫米，其他：_____

4. 生态系统：土壤类型：_____，植被类型：_____

植被覆盖率：_____%，其他：_____

5. 品种类别：□ 地方品种，□ 育成品种，□ 引进品种，□ 野生品种

6. 品种来源：□ 前人留下，□ 换种，□ 市场购买，□ 其他途径

7. 种植该品种的原因：□自家食用，□饲用，□市场销售，□药用，□其他用途

8. 品种特性：

优质：_____

抗病：_____

抗虫：_____

产量：_____

其他：_____

9. 该品种的利用部位：□果实，□种子，□植株，□叶片，□根，□其他

10. 该品种具有的药用或其他用途：

具体用途：_____

利用方式与途径：_____

11. 该品种其他特殊用途和利用价值：□ 观赏，□ 砧木，□ 其他

12. 该品种的种植密度:＿＿＿＿＿＿，间种作物:＿＿＿＿＿＿＿

13. 该品种在当地的物候期:＿＿＿＿＿＿＿＿＿＿＿＿＿＿

14. 品种提供者种植该品种大约有＿＿＿年，现在种植的面积大约＿＿＿＿亩

当地大约有＿＿＿＿＿户农户种植该品种，种植面积大约有＿＿＿＿＿＿亩

15. 该品种大概的开花期:＿＿＿＿＿＿，成熟期:＿＿＿＿＿＿＿

16. 该品种栽种管理有什么特别的要求?

＿＿＿＿＿＿＿＿＿＿＿＿＿＿＿＿＿＿＿＿＿＿＿＿＿＿＿＿＿

17. 该品种株高:＿＿米，果实大小:＿＿厘米，果实品质:□ 优,□ 中,□ 差

18. 品种提供者一年种植哪几种作物:＿＿＿＿＿＿＿＿＿＿＿＿＿

19. 其他:＿＿＿＿＿＿＿＿＿＿＿＿＿＿＿＿＿＿＿＿＿＿＿＿＿

20. 样品提供者:姓名:＿＿＿＿＿，性别:＿＿，民族:＿＿＿＿＿＿＿

年龄:＿＿，文化程度:＿＿＿＿＿＿，家庭人口:＿＿＿＿＿＿人，

联系方式:＿＿＿＿＿＿＿＿＿＿＿＿＿

附表6

# 浙江省农作物种质资源普查与收集行动专家组名单

| 姓名 | 工作单位 | 职称 | 备注 |
| --- | --- | --- | --- |
| 童海军 | 浙江省种子管理总站 | 研究员 | 组长 |
| 李国景 | 浙江省农业科学院蔬菜研究所 | 研究员 | 副组长 |
| 戚行江 | 浙江省农业科学院科研与合作部 | 研究员 | 成员 |
| 袁群英 | 浙江省农业科学院科研与合作部 | 副研究员 | 成员 |
| 王建军 | 浙江省农业科学院作物与核技术利用研究所 | 研究员 | 成员 |
| 张小明 | 浙江省农业科学院作物与核技术利用研究所 | 研究员 | 成员 |
| 蒋桂华 | 浙江省农业科学院园艺研究所 | 研究员 | 成员 |
| 陈小央 | 浙江省种子管理总站 | 高级农艺师 | 成员 |
| 童琦珏 | 浙江省种子管理总站 | 高级农艺师 | 成员 |

抄送：农业部种子管理局，中国农业科学院"第三次全国农作物种质资源普查与收集行动"项目办。

浙江省农业厅办公室　　　　　　　　2017 年 4 月 13 日印发

## （三）浙江省农作物种质资源调查收集技术规范（试行）

## 浙江省农作物种质资源调查收集技术规范（试行）

**1 范围**

本规范规定了浙江省农作物种质资源的调查、收集、分类处理、编号入库（圃）保存的工作程序和技术要求。

本规范适用于浙江省农作物种质资源的调查、收集、分类处理以及编号入库（圃）保存。

**2 术语和定义**

2.1 农作物种质资源

指选育农作物新品种的基础材料，包括农作物的栽培种、野生种和濒危稀有种的繁殖材料，以及利用上述繁殖材料人工创造的各种遗传材料。

2.2 种质形态

指果实或籽粒、苗、根、茎、叶、芽、花、组织、细胞和 DNA、DNA 片段及基因等有生命的物质材料。

2.3 种质类型

指野生（包括半野生种和野生近缘种）资源、地方品种、推广品种、中间材料、遗传材料等。

2.4 地方品种

又称农家品种，指在当地自然条件和栽培条件下，经农民长期选择和培育而形成的品种。

2.5 种质资源原产地

指种质资源最初的产地或品种选育单位所在地。

2.6 种质收集

指在尽可能全面了解目标作物种质资源的分布状况及其对环境的适应能力的基础上，制订科学合理的收集方案，通过采集、征集、搜集等活动，收集种质，达到种质资源保护和利用的目的。

**3 调查与收集**

3.1 范围

调查收集的地域范围为浙江省境内，种质资源包括：①名、特、优、稀等地方品种；②处于濒危或濒临灭绝的农作物野生、半野生、野生近缘种植物和地方品种。

### 3.2 种质调查

对拟收集的种质资源及其分布地区进行详细了解，避免不必要的重复收集。重要种质资源必须进行实地考察，调查种质的分布、原生长环境、利用和濒危等情况，并采集反映种质典型特性的图片。调查的种质需记录其相关信息，并填写附表1、附表2。

### 3.3 种质收集

在原产（生）地或在种植农户、集贸市场等场所，搜集农作物种质资源样本和标本的活动。

收集种质资源应考虑采集地是否有检疫性病害，要避免检疫性病害的传播。野外采集国家和地方重点保护的野生种质资源，必须经农业、林业行政主管部门批准。现场采集按附表3填写标签，随种质样本流转。

收集的种质资源必须建立种质档案。种质档案须详细记载收集号、作物名称、品种名称、别名（俗称）等相关信息，具体内容详见附表4。

种质资源收集应考虑到同一物种不同地域间的不可替代性和代表性，最大限度地保持物种的遗传多样性；农作物种质资源的采集数量应当以不影响原始居群的遗传完整性及其正常生长为标准。对于野生半野生、野生近缘种植物资源，1个样点一般要求采集20～50个单株的样本；若难以采集20～50个单株也可以通过增加取样点或增加每个单株的种子、无性繁殖材料等来弥补。

在不同地区收集到同名种质应分别建档，且在种质名称前分别冠以县（市）名称，待试种观察后再确定是否归并；在同一地区收集到同名而特性不尽相同的种质资源，则应在名称后加 –1、–2、–3 等加以区别。

## 4 分类整理

### 4.1 种质登记

收集获得的种质资源均应进行登记，登记信息包括：收集号，收集时间，作物名称，拉丁学名，品种名称、别名（俗称），原产地，种质来源地，种质类型，种质形态，生态类型，生育期，适宜播种期（栽培季节），数量，采收时间，种质质量（发芽率等），基本特征特性，利用前景，收集人及联系方式等（附表1、附表2）。

4.2 种质归类

收集的种质资源可按作物名称、种质类型、原产地、来源地、生态类型、生育期、适宜播种期（栽培季节）等进行归类，以便进一步试种观察。

4.3 田间试种观察

收集的繁殖材料须进行田间试种观察，试种前应保持种质的活力。试种前应确定试种方案，明确观察记载项目和内容。观察记载的内容主要为种质生育动态与主要特征特性（附表5），并完善与细化附表5内容，观察记载的方法和标准可参照《浙江省农作物种质资源鉴定评价技术规范（试行）》；同时采集反映种质典型特性的图片，并将图片标注为调查图片，具体要求参照《浙江省农作物种质资源繁殖更新技术规范（试行）》11.4 图片采集时期和 11.5 图片采集与命名。试种观察时应选取的单株应有代表性，当存在个体间差异时，应记载非典型株的百分比，形态特征和农艺性状观察结果可作为复份鉴别的依据。

试种地区或地点的选择应根据种质原产地的生态条件及其特征特性而定，试种地区（地点）的环境条件应能满足该种质正常生长，其基本特征特性能得到正常表达。

试种观察过程中的田间种植管理应落实专人负责，根据种质的作物类型、品种特性、繁育方式采取不同管理技术措施，所有同一作物类型种质试种观察管理水平应保持一致（有特殊要求者除外），采取相应措施防止异交、串根、串茎混杂，必要时进行人工辅助授粉。

试种种质资源要及时收获，在收获过程中严格防止人为和机械混杂，正常型种子应及时进行干燥处理。

4.4 种质编目

编目数据和种质整理：将试种观察获得的形态特征和农艺性状数据进行规范化整理，并与已登记的已知种质信息进行对照分析，剔除重复种质，并根据种质的基本信息和性状观察数据、种质纯度、是否属于收集范围等，确定是否具有保存价值。对有保存价值的种质进行编目，并将调查获得的种质和数据分别标注为调查种质和调查数据。

编目内容包括基本信息［包括统一编号、作物名称、品种名称、别名（俗称）、原产地、来源地、种质类型、种质形态、收集号、收集人］、主要农艺性状、品质性状、抗性、已知用途（如药用、食用、工业原料、作育种材料等）以及其他相关信息（如野生种的特异性状及用途）。

## 5 编号入库（圃）

### 5.1 接纳登记

种质库（圃）获得已编目的入库（圃）种质时，对其进行质量（籽粒或营养繁殖器官的一致性、净度、水分、发芽率、生活力）和数量的初步检查和基本信息的登记，另外还需登记其他利于贮存（或种植保存）的生物学信息。

保存单位应给提供者对符合入库（圃）要求的种质开具接纳凭证，注明编号、作物名称、品种名称、接收份数、种质数量、种质质量、接收日期等，并暂时存放在能保持其活力的场所。对不符合入库（圃）标准的种质，应将该种质退回重新繁殖（对于特别珍贵的种质可先行少量保存）。对缺少基本信息和主要特征特性信息的种质，应及时让提供者补充完整。

### 5.2 查重、去重

保存单位将接收的种质基本信息登记内容与库（圃）已保存的种质管理数据核对，检查新接收种质与已保存种质之间是否有重复，对确认与已保存的种质（数量充足、质量合格）重复原则上不再入库（圃）。

### 5.3 种子清选

种子入库前应剔除破碎种子、空粒、瘪粒、霉粒、受病虫侵害籽粒、混杂种子以及其他杂物。对需清选的种子可根据种子质量状况，采用机械或人工进行清选。

### 5.4 种子熏蒸、干燥与发芽率检测

禾谷类、豆类、花生等易受虫害的作物种子，包装编号前必须进行熏蒸处理。

清选、熏蒸后的种子需进行干燥处理。不同作物种子入库保存的含水量不同，通常要求达到在 RH 20% 平衡下的安全贮藏含水量。

种子干燥后须进行发芽试验，检测种子发芽势和发芽率。

### 5.5 库（圃）编码

根据不同作物入库（圃）的活力（种子为发芽势）和发芽率要求（种子一般不低于 75%）决定是否入库（圃）。

达到入库（圃）质量和数量要求的种质，按作物种类进行保存库（圃）编码，应确保编码的唯一性；对于种质名称、来源和品种特征特性等经与国家种质库（圃）种质核对且相同的种质，同时编写种质库（圃）的相应编码。

### 5.6 入库（圃）保存

种子入库（圃）前须编制各作物库（圃）保存编码及其对应库（圃）位号示意图，入库（圃）时对号入座。种子入库（圃）定位保存后，管理人员应对每一供种

者提供的每一批种质做一份入库（圃）情况报告，其主要内容包括作物名称、品种名称、别名（俗称）、数量、水分、发芽率（种植生长情况）、净度及其他内容。

种子密封保存，密封包装时须认真核对原始标签与包装盒（袋）上的标签编码是否一致。入种质库保存自花授粉作物每份种质种子数量至少 1 000 粒，异花授粉作物种子保存量适当增加（一般增加 30%～50%）。保存条件须控制在低温低湿下（温度 0℃ ±2℃，湿度 40% ±5%）。

入圃种植保存的每一份种质资源在圃内必须种植一定数量（群体）的单株，以最大限度保持同一份种质资源的遗传多样性（单株营养系除外）和安全性。一般每份种质资源保存正常生长植株数量不应低于 3 株。

入圃保存种质应记录入圃位置（定位）、时间和株数。在定植时每份种质还要另地假植 2 株备用。种质圃内不得使用植物生长调节剂等药物，尽可能保证每份种质资源自然生长结果，以确保观察鉴定结果的真实性和可比性。

**6 供种利用**

入库（圃）保存种质资源的利用，须由利用单位或个人填写《浙江省农作物种质资源利用申请书》（另发），报浙江省种子管理总站审批，经批准后方可供种利用。

种质资源利用单位或个人应及时履行承诺，并及时反馈利用成效和提供种质。对于未履行承诺或不反馈利用成效的单位或个人，将停止种质资源的后续供种。

**7 质量监测**

同一批次入库保存种质每隔 3～5 年抽样测定其发芽率，抽样比例为 5%。当发芽率降至 60% 或下降 15% 时，应安排繁殖更新。

种质圃内种植保存的种质，应定期对每份种质存活株数、植株生长势与繁殖状况、病害、虫害、土壤状况、自然灾害等进行观察监测与信息采集。

**8 信息处理**

8.1 信息内容

种质资源调查收集、归类、整理、入库（圃）整个工作流程伴随着种质信息处理，它是管理人员在整个工作流程中做出决定和追溯的依据，包括在种质接纳、试种观察、整理编目、入库（圃）保存、质量监测等过程中获得的信息，由种质信息采集、计算机化管理和纸质资料档案管理组成。

8.2 种质信息采集

基本信息：包括统一编号、作物名称、拉丁学名、品种名称、别名（俗称）、原产地、来源地、种质类型、收集号、收集人等。

主要特征特性信息：包括生育动态、熟性、品质、病虫害抗性、抗逆性、适宜生长生态环境、一般产量、繁殖方式与系数、综合评价等。

种质与图片征集信息：种质收获时间、收集时间、熏蒸等种质处理情况，种质数量与质量及图片（包括苗期、生长期、花期、成熟期、果实、种子以及其他能反映种质典型特性的图片）采集情况。

保存管理信息：库（圃）编号、库（圃）位号、繁殖年份、入库（圃）保存日期以及种质库保存种子发芽率、保存量、贮藏含水量或种质圃种植保存种质定植株数、生长势等相关信息以及活力（发芽率）监测、繁殖更新、分发利用等信息。

8.3 计算机化管理

利用计算机建立种质库（圃）种质管理数据库，数据项包括种质基本信息、主要特征特性信息、种质与图片征集信息和保存管理与利用信息。

8.4 纸质资料档案管理

数据采集的原始记载表，分作物按库（圃）编号或入库（圃）时间顺序装订成册，建立原始记录资料档案管理。

附表：

附表 1. 浙江省农作物种质资源调查收集基本信息登记表

附表 2. 浙江省农作物种质资源调查收集主要特征特性登记表

附表 3. 浙江省农作物种质资源样本采集标签

附表 4. 浙江省农作物种质资源种子征集情况表

附表 5. 浙江省农作物种质资源试种观察性状汇总表

# 附　录

主要参考文献：

中华人民共和国农业部，2004. 农作物种质资源管理办法. 2004 年 7 月 1 日修订.

郑殿升，刘旭，卢新雄，等，2007. 农作物种质资源收集技术规程［M］. 北京：中国农业出版社.

方嘉禾，刘旭，卢新雄，等，2008.农作物种质资源整理技术规程［M］.北京：中国农业出版社.

卢新雄，陈叔平，刘旭，等，2008.农作物种质资源保存技术规程［M］.北京：中国农业出版社.

浙江省种子管理总站，2013.浙江省农作物种质资源管理工作规范（试行）.2013年9月23日印发.

附表 1

## 浙江省农作物种质资源调查收集基本信息登记表

填表人：

| 序号 | 作物 | 种质名称 | 别名（俗称） | 种质类型 | 主要分布与种植地点 | 种植面积（亩） | 种植与管理的单位或个人或野生 | 调查单位 | 调查人 | 联系电话 | 图片采集情况 | 备注 |
|------|------|----------|--------------|----------|---------------------|----------------|--------------------------------|----------|--------|----------|--------------|------|
|  |  |  |  |  |  |  |  |  |  |  |  |  |
|  |  |  |  |  |  |  |  |  |  |  |  |  |
|  |  |  |  |  |  |  |  |  |  |  |  |  |
|  |  |  |  |  |  |  |  |  |  |  |  |  |
|  |  |  |  |  |  |  |  |  |  |  |  |  |
|  |  |  |  |  |  |  |  |  |  |  |  |  |

注：1. 若种质资源为当地农家或野生种，且无公认的品种名称，品种名称可填写当地俗称。

2. 种质类型分五类：a. 推广品种（填写育成单位），b. 地方品种，c. 中间材料，d. 野生或野生驯化，e. 遗传材料。

3. 主要分布与种植地点：主要分布在浙江省在浙江省以及在本县哪些县以及在本县哪些乡镇，种植地点填写其种植的具体乡镇和村。

4. 图片采集情况：填写图片采集时种质生长时期及其张数。

附表 2

浙江省农作物种质资源调查收集主要特征特性登记表

调查单位：　　　　　　　　　　　　　　　　　　　　　　　填表人：

| 序号 | 作物 | 种质名称 | 别名（俗称） | 物候期 | | | 熟性 | 品质特性 | 病虫害抗性、抗逆性 | 适宜生长生态环境要求（如温光条件） | 其他主要特征特性 | 一般产量（千克/亩） | 繁殖方式与系数 | 综合评价 | 备注 |
|---|---|---|---|---|---|---|---|---|---|---|---|---|---|---|---|
| | | | | 播种期 | 全生育期（天） | 产品采收期 | | | | | | | | | |
| | | | | | | | | | | | | | | | |
| | | | | | | | | | | | | | | | |
| | | | | | | | | | | | | | | | |
| | | | | | | | | | | | | | | | |
| | | | | | | | | | | | | | | | |
| | | | | | | | | | | | | | | | |

注：1. 熟性：一般作物分早熟、中熟和迟熟，与目前大面积种植品种进行比较。

2. 品质特性：根据作物的用途或其主要品质特性，一般采用审认定、鉴定或其产品用途介绍中常用的品质指标。

3. 其他主要特征特性：指在一个生产周期所能采收的普查品种最具有经济价值的种子或果实或块茎（根）或叶的产量。

4. 一般产量：填写最易调查到的品种特征点并在本表以外其他特征特性。

5. 繁殖系数：种质资源通常经过繁殖生产获得的种子数量与用于繁殖的种源数量的比值。

6. 综合评价：对调查品种最主要的资源利用价值与保护必要性进行评价。

附表 3

## 浙江省农作物种质资源样本采集标签

浙江省农作物种质资源样本采集标签

采集号：

作物名称：

种质名称：

采集地点：

采集时间：

采集人：

特性描述：

附表 4

## 浙江省农作物种质资源种子征集情况表

征集单位：　　　　　征集人：　　　　　联系电话：

| 序号 | 作物名称 | 种质名称 | 别名（俗称） | 数量（克） | 收集具体地点 | 收集时间 | 收集人 | 联系电话 | 备注（是否已熏蒸、活力情况等） |
|---|---|---|---|---|---|---|---|---|---|
|  |  |  |  |  |  |  |  |  |  |
|  |  |  |  |  |  |  |  |  |  |
|  |  |  |  |  |  |  |  |  |  |
|  |  |  |  |  |  |  |  |  |  |
|  |  |  |  |  |  |  |  |  |  |
|  |  |  |  |  |  |  |  |  |  |
|  |  |  |  |  |  |  |  |  |  |

注：1. 种子务必用专用网袋或布袋包装，以免包装破裂而混杂。
　　2. 征集的种子附采集标签，并挂上内、外塑料识别标签。

附表 5

浙江省农作物种质资源试种观察性状汇总表

作物类别：＿＿＿＿＿　　试种单位：＿＿＿＿＿　　试种地点：＿＿＿＿＿　　试种观察责任人：＿＿＿＿＿

| 试种编号 | 种质名称 | 别名（俗称） | 播种期 | 移栽（定植）期 * | 开花期 * | 产品采收期 | 主要特征特性 | 备注 |
|---|---|---|---|---|---|---|---|---|
|  |  |  |  |  |  |  |  |  |
|  |  |  |  |  |  |  |  |  |
|  |  |  |  |  |  |  |  |  |
|  |  |  |  |  |  |  |  |  |
|  |  |  |  |  |  |  |  |  |
|  |  |  |  |  |  |  |  |  |
|  |  |  |  |  |  |  |  |  |
|  |  |  |  |  |  |  |  |  |
|  |  |  |  |  |  |  |  |  |
|  |  |  |  |  |  |  |  |  |
|  |  |  |  |  |  |  |  |  |
|  |  |  |  |  |  |  |  |  |

* 根据作物类别实际情况观察记载。

（四）关于成立仙居县农作物种质资源普查与收集行动普查小组的通知

# 仙居县农业局
# 仙居县林业局

文件

仙农〔2017〕49号

## 关于成立仙居县农作物种质资源普查与收集行动
## 普查小组的通知

各乡镇（街道）农技站、林技站：

根据《第三次全国农作物种质资源普查与收集行动2017年实施方案》（农办种〔2017〕8号），《浙江省农作物种质资源普查与收集行动实施方案》（浙农专发〔2017〕34号）文件要求，为做好我县农作物种质资源普查与收集工作，特成立仙居县农作物种质资源普查与收集行动普查小组，具体人员如下：

组　　长：李军伟

副组长：朱贵平　王康强

成　　员：朱再荣　张群华　陈冬莲　张建斌

下设办公室，办公室设仙居县种子管理站

仙居县农业局

仙居县林业局

2017年4月24日

**（五）仙居县农业局关于印发《仙居县农作物种质资源普查与收集行动实施方案》的通知**

各乡镇（街道）农技站、林技站：

　　根据《第三次全国农作物种质资源普查与收集行动实施方案》（农办种〔2015〕26号）、《第三次全国农作物种质资源普查与收集行动2017年实施方案》（农办种〔2017〕8号）、《浙江省农作物种质资源普查与收集行动实施方案》（浙农专发〔2017〕34号）要求，为做好我县农作物种质资源普查与收集工作，我局组织制定了《仙居县农作物种质资源普查与收集行动实施方案》，现印发给你们。请遵照本方案要求，认真抓好落实。

仙居县农业局

仙居县林业局

2017年4月28日

# 仙居县农作物种质资源普查与收集行动实施方案

根据农业部、省农业厅统一部署，2017 年起仙居县作为浙江省 19 个调查县之一将全面开展农作物种质资源普查和收集工作。为确保本次普查与收集工作的顺利实施，加大农作物种质资源保护力度，强化农作物新种质创制、鉴定与利用研究，根据《全国农作物种质资源保护与利用中长期发展规划（2015—2030 年）》（农种发〔2015〕2 号）、《第三次全国农作物种质资源普查与收集行动实施方案》（农办种〔2015〕26 号），结合仙居县实际情况，特制定本实施方案。

## 一、目的意义

（一）农作物种质资源普查与收集是对珍稀、濒危作物野生种质资源进行抢救性保护的重要举措

近年来，受气候、耕作制度和农业经营方式变化，特别是城镇化、工业化快速发展的影响，导致大量地方品种迅速消失，作物野生近缘植物资源也因其赖以生存繁衍的栖息地遭受破坏而急剧减少。全面普查农作物种质资源，抢救性收集和保护珍稀、濒危作物野生种质资源和特色地方品种，对保护农作物种质资源的多样性，维护农业可持续发展的生态资源环境具有重要意义。

（二）农作物种质资源保护是丰富农作物基因库的重要途径

通过开展农作物种质资源普查和收集，摸清农作物种质资源的家底，收集一批珍稀种质资源，并对收集的种质资源进行鉴定、保存，深入研究、发掘优异基因，丰富种质资源的遗传多样性，为农作物育种产业发展提供源源不断的新资源、新基因和新种质。

（三）农作物种质资源保护利用是提升种业和农业核心竞争力的强有力支撑，农作物种质资源是现代种业和农业发展的物质基础和"生命线"

## 二、目标任务

开展各类作物种质资源的全面普查，基本查清各类作物的种植历史、栽培制度、品种更替、社会经济和环境变化，以及重要作物的野生近缘植物种类、地理分布、生态环境和濒危状况等重要信息。填写《第三次全国农作物种质资源普查与收集行动普查表》。在此基础上，征集各类古老、珍稀、特色、名优的作物地方品种和野生近缘植物种质资源 80～100 份。填写《第三次全国农作物种质资源普查与收集行动征集表》。

### 三、实施范围、期限与进度

（一）实施范围

全县 20 个乡镇街道。

（二）实施期限

2017 年 4 月至 2018 年 12 月。

（三）进度安排

1. 普查与征集阶段

2017 年 4—12 月，全县组建由专业技术人员构成的普查队伍，开展普查与征集工作，征集各种地方品种、野生近缘植物 20 ～ 30 份。

2. 仙居县农业局承担本县农作物种质资源的全面普查和征集

组织普查人员对辖区内的种质资源进行普查，并将数据录入数据库；征集当地古老、珍稀、特色、名优作物地方品种和作物野生近缘植物种质资源 20 ～ 30 份，并按技术要求将征集的农作物种质资源送交省农业科学院。

3. 2018 年 1—12 月，配合省农业科学院完成 80 ～ 100 份种质资源普查、搜集任务

### 四、重点工作

（一）组建普查与收集专业队伍

仙居县农业局组织专业技术人员组建普查工作组，开展本辖区农作物种质资源普查与征集工作。

（二）开展技术培训与指导

办好仙居县农作物种质资源普查与征集培训班；主要内容包括：解读农作物种质资源普查与收集行动实施方案及管理办法，培训文献资料查阅、资源分类、信息采集、数据填报、样本征集、资源保存等方法，以及如何与农户座谈交流等。针对普查与收集行动过程中出现的技术问题及时进行指导。

（三）实施普查和收集行动

各责任单位和普查工作小组，要按照本方案的要求，认真做好农作物种质资源的普查和收集工作，做到特有资源不缺项，重要资源不遗漏，信息采集详尽，数据填报真实，样本征集具有典型和代表性，按时按质按量完成普查和收集工作。

（四）上传普查信息（上传 3 ～ 5 篇）

### 五、保障措施

（一）成立工作小组，加强组织保障

成立仙居县农作物种质资源普查与征集行动工作小组，由县农业局副局长李军

伟任组长，县种子管理站站长朱贵平、县林特总站站长王康强任副组长，县种子管理站、县林特总站、县蔬菜办公室等相关单位工作人员为成员，全面负责本次普查与收集行动的政策协调、方案制定、经费保障和检查督导。

（二）加强工作督导，规范项目管理

按照第三次全国农作物种质资源普查与收集行动专项管理办法，加强人员、财务、物资、资源、信息等规范管理，对建立的数据库和专项成果等按照国家法律法规及相关规定实现共享；按照资金管理办法，严格经费预算、使用范围、支付方式、运转程序、责任主体等。

（三）加强宣传引导，提升保护意识

积极组织报刊、电台、电视台等媒体跟踪报道，宣传本次种质资源普查与收集行动的重要意义和主要成果，提升全社会参与保护农作物种质资源多样性的意识和行动，确保此次普查与收集行动取得实效，切实推动农作物种质资源保护与利用可持续发展。

附表：
1. 第三次全国农作物种质资源普查与收集行动普查表
2. 第三次全国农作物种质资源普查与收集行动征集表
3. 第三次全国农作物种质资源普查与收集行动调查表

（六）台州市种子管理站关于召开全市种质资源普查收集工作推进暨培训会议的通知

# 台州市种子管理站文件

台种管〔2017〕13号

---

## 台州市种子管理站关于召开全市种质资源普查收集工作推进暨培训会议的通知

各县（市、区）种子管理站：

根据省农业厅《浙江省农作物种质资源普查与收集行动实施方案》（浙农专发〔2017〕34号）文件精神，各地及时制定实施方案，组织开展地方种质资源的普查与收集工作，并取得了阶段性成果；为进一步推进我市种质资源普查收集工作，确保全面完成今年任务，经研究，定于11月1—2日在仙居召开全市种质资源普查收集工作推进暨培训会议，现将有关事项通知如下。

**一、会议内容**

内容一：汇报交流各地种质资源普查与收集工作开展情况；

内容二：根据台种管〔2017〕12号文件要求，有地方特色产业发展调研任务的县（市、区）汇报交流调研工作总结；

内容三：邀请省级专家开展种质资源普查征集技术与普查表格填写规范、种质资源照片拍摄基本要求等专题培训。

**二、会议时间、地点**

会议时间：11月1—2日，时间二天。

会议地点：仙居皇嘉国际大酒店（晨曦路77号）。

请各与会代表于11月1日上午到皇嘉国际大酒店报到。

**三、参加会议对象**

各县（市、区）种子管理站站长、具体负责种质资源普查收集、地方特色产业调研的工作人员。

**四、有关要求**

请将参会人员名单于下周内报张胜同志；要求采用 PPT 形式汇报交流种质资源普查收集图片资料；地方特色产业调研总结材料带会上交流。

台州市种子管理站

2017 年 10 月 19 日

---

（七）关于征集"第三次全国农作物种质资源普查与收集行动"先进典型事例的函

## "第三次全国农作物种质资源普查与收集行动"
## 先进典型事例汇编征稿函

为进一步宣传资源保护一线中涌现的先进人物和典型事迹，促进更广泛地交流学习，提高公众的资源保护意识，根据种业管理司的部署，现对"第三次全国农作物种质资源普查与收集行动"自 2015 年启动以来的先进典型事例进行征集，并汇编成册陆续出版。征集内容主要包括先进人物、优异资源、资源利用和先进经验等。要求如下。

1.先进人物篇　主要介绍资源保护工作中的典型人物事迹、种质资源的守护者或传承人、以及种质资源的开发利用者等。

2.优异资源篇　介绍新发现资源（如新物种、新变种、新类型、新分布区及其科学意义）、珍稀濒危资源、具有重大利用前景的资源、在精准扶贫和乡村振兴等方面具有潜在利用价值的资源、具有其他突出优点的特色资源（如特殊用途等），重点突出新颖性和可利用性。优异资源介绍需包括种质名称（含学名）、分布状况、特征特性（如优质、抗病虫、抗逆等）和利用价值等。

3.资源利用篇　主要介绍当地名特优资源在生产、生活中的利用现状、产业情况，以及在当地脱贫致富和经济发展中的作用。

4.先进经验篇　介绍各单位在普查、收集以及资源的保护和开发利用过程中，形成的组织、管理等工作方面的好做法和好经验。

5.材料要求　文体不限，字数不低于 2 000 字；提供清晰图片 4 ～ 6 张，照片大小不低于 5M。

6.各单位提交征文稿件不低于 5 篇，并按照优先序排序。

7.稿件发送至：pucha@caas.cn 截止日期：2018 年 11 月 15 日。

8.所有稿件请提供联系人或撰稿人的单位、姓名、电话。

欢迎大家踊跃投稿！

电话：010-62125519 E-mail:pucha@caas.cn QQ:1010646516
联系人：徐丽娜、赵伟娜

"第三次全国农作物种质资源普查与收集行动"项目办公室

2018 年 11 月 1 日

# 寻找"仙人"留下的物种
## ——仙居第三次全国农作物种质资源普查与收集行动回顾

浙江省仙居县是一个"八山一水一分田"的山区县，县域面积 2 000 平方千米，境内重峦叠嶂，空气清新，景色秀美，森林覆盖率达 79%。贯穿全境的永安溪川流不息，清澈见底，风光旖旎，曾被评为全国十大"最美家乡河"，水质特优，基本达 I 类水标准，是国家级生态县。据考证，李白的"梦游天姥吟留别"的天姥山就是仙居的韦羌山，也就是现在的神仙居。公元 1007 年，宋真宗赵恒以"其洞天名山，屏蔽周围，而多神仙之宅"，下诏赐名"仙居"。1984 年发现的横溪镇下汤农耕文化遗址是目前在浙南地区发现的规模最大、保存最完整、时代最早、文化内涵最丰富的一处人类居住遗址，距今 8 000 多年，相当于母系氏族社会早中期，在其出土的文物中，石磨盘和石磨棒是世界上发现的最完整、最原始的稻谷脱壳工具，被誉为"万年台州"。历史悠久的农耕文化，让仙居拥有丰富的农作物种质资源。如史书记载宋开宝年间就有仙居杨梅的踪迹，距今已有 1 000 多年历史。福应街道桐桥村的一株明朝古杨梅历经风霜，至今依然英姿飒爽，果实累累。难怪信誓旦旦立下"日啖荔枝三百颗，不辞长作岭南人"的苏东坡，在品尝了吴越杨梅之后，对杨梅一见钟情，做出"西凉葡萄，闽广荔枝，未若吴越杨梅"的感叹。由于地处海洋性气候与内陆性气候交汇处，仙居日照充足，雨量充沛，自然生态条件优越，农耕文化历史底蕴深厚。横溪、白塔和下各平原辽阔，是史上较为有名的"仙居粮仓"。

为了抢救和保护祖先留传下来的珍贵种质资源，2017 年 4 月，第三次全国农作物种质资源普查与收集行动在浙江省正式启动，作为全省 19 个系统调查县之一，我们有机会搭上了全面普查仙居县农作物种质资源的班车。

**一、措施有力保普查**

自浙江省种子管理总站召开"第三次全国农作物种质资源普查与收集行动"动员会后，仙居县农业局十分重视，马上成立了以县农业局分管局长为组长的普查小组（仙农〔2017〕49 号），种子站、粮油站、蔬菜办、特产站等部门共同参与，及时部署，全面推进该项工作。作为全省 19 个系统调查县之一，大家一致表示将全力以赴打好本次普查攻坚战。

根据普查方案，我们确定了五类征集对象：一是未入国家（省级）种质资源库（圃）的；二是具有地方特色的；三是有悠久历史和农耕文化的；四是具有推广、开发利用前景的；五是稀有、濒危的种质资源。

　　征集对象确定后，普查人员随即投入工作，先对全县各乡镇的地方老品种和野生近缘种进行调查摸底，了解全县农作物种质资源的基本情况，为后续全方位的普查工作打好基础；其次，根据调查情况，在全县范围内确定朱溪镇、官路镇、上张乡、淡竹乡和安岭乡为重点普查乡镇。这几个乡镇均地处山区，物种资源丰富。

　　为了调动农户的积极性，更加全面的普查农作物种质资源，县农业局还出台政策：新发现一个未备案的种质资源，给予发现户 200 元奖励；能留种的，马上委托农户小面积自繁，并根据留种面积和留种难度，给予 500 ～ 800 元补助。同时在朱溪镇朱家岸、埠头镇小屋基等村建立了种质资源留繁种基地，选择有一定种植经验并熟悉田间记载工作的农民技术员担任种植户，把收集到的部分种质资源通过自繁方式及时保存下来，做好留种工作，确保普查任务顺利完成。

　　用车有保障也是普查工作能够顺利开展的有力措施之一。县农业局对普查工作十分重视，"科技直通车"我们可以随时调用，下乡进山比较方便。

　　**二、跋山涉水找物种**

　　"养在深闺人未识"的种质资源，寻找不易，需要多看、多跑、多打听。由于目标明确，措施得当，精力到位，仙居县的农作物种质资源普查工作有序开展，普查人员上山下乡找物种，并取得了明显成效。

　　5 月 16 日，在查阅档案、走访老农、调查摸底的基础上，普查小组即奔扑重点乡镇开展野外调查。首个调查点是位于海拔 520 米、由 9 个自然村组成的朱溪镇丰田村，该村距县城有 50 多千米，属典型的山区落后村，交通十分不便。然而越是僻远的山区村，老品种资源越丰富。果然不出大家所料，当日共采集到的种质资源样本 13 份，都是仙居传统的地方品种，在当地种植历史悠久，其中马铃薯 3 份（小黄皮、猪腰洋芋、红皮洋芋），甘薯 1 份（红皮白心）、杨梅 3 份（水梅、白杨梅、野生杨梅），其他果树 5 份（本地小柿、八月桃、胡颓子、本地小圆枣、青梅），野生食材 1 份（腐婢），收获颇丰。

　　6 月 6 日普查小组登上了海拔 700 多米的仙居萍溪林场开展调查，重点是扛轿田、石头坦两个自然村。由于山高路远，村里年轻人大都下山迁走，只有几个年长者还在坚守，耕耘着这方古老的土地。经上山下田仔细调查，结果发现了野生山药、生姜芋、本地丝瓜、本地蒲瓜、红小葱、西瓜番薯、3 粒寸糯稻等 14 个种质资源。据村里老人介绍，这些品种都是老一辈人一直在种的仙居地方老品种，年代久远。他们虽然生活在深山村，交通不便，信息不畅，但他们仍然十分热爱这方水土，也为传承农耕文化做出了贡献。老人们种植经验丰富，还为普查人员介绍了当地的许多名贵中药材资源，如"金钟细辛""肺形草""鹿含草""七叶一枝花""鸟不骑""八角莲"等，并教给大家辨认方法。

7—10月，普查人员重点走访了埠头镇小屋基村，上张乡苗辽村、奶吾坑村、朱溪镇朱家岸村等偏远山村，先后征集了12个老品种，分别是"百廿日玉米""高粱""矮脚金豆""独自人芋""八角天罗""红筋圆角金豆""乌杆早芋""红萝卜""粟米""野生小葡萄""野生藤梨""野生魔芋"（仙居俗称"西乌"）等。

考虑到仙居萍溪林场山高林密，地形多样，农作物种质资源丰富，11月6日，普查小组再次来到扛轿田和石坦头自然村，重新进行普查，并扩大普查区域，又发现了"本地藠头""生姜芋""黄花菜""野生柿""南五味子""山糖梨"等种质资源20个，加上先前普查到的14个种质资源，在该区域共发现了34个种质资源。

2018年，重点配合浙江省农业科学院开展普查工作，在陈合云主任、李春寿教授带领下，对全县农作物种质资源进行系统调查。至10月底，共收集到100多个粮食（水稻、玉米、甘薯、马铃薯等）、蔬菜、水果（杨梅、梨、柿、枣等）种质资源。

### 三、众志成城见成效

种质资源普查工作量大、任务重，为了顺利完成普查任务，大家发扬特别能吃苦、特别能战斗的铁军精神，以强烈的责任意识，众志成城，至今取得了阶段性成果。截至2017年年底，全县新发现和确认59个具本地特色的农作物种质资源，共有70个种质资源入选国家种质库，另有2个入选省种质库；有20多个种质资源入选《台州市蔬菜种质资源普查与应用》一书，包括了根菜类、叶菜类、豆类、葱蒜类、瓜类、薯芋类、多年生蔬菜类等作物品种。

以前仙居山高路远，交通不便，工业落后，但生态环境保护较好，因此种质资源相对丰富，同发达县市相比，优势明显。越是交通不便、山高路远的偏僻村，越是普查的重点。安岭乡麻山村是仙居县最远的村，海拔750米，开车走一趟需2.5小时；海拔最高的村是埠头镇牛郎村，海拔900米。普查小组不辞辛苦，多次前往，并发现许多老品种。

2017年11月1—2日，在仙居县举办的"台州市种质资源普查收集工作推进暨培训会"上，省种子管理总站陈小央科长对仙居县的种质资源普查工作给予了高度肯定，并为我们今后的工作指明了方向；2018年，浙江省农业科学院专家团队认为仙居县的种质资源普查基础工作做得非常好，感到非常满意。

至目前，我们已在种业信息网、《农村信息报》上报送了6篇种质资源普查专题信息。

**四、继往开来再努力**

自开展"第三次全国农作物种质资源普查与收集行动"以来，我们共确认和登记了 121 份各类农作物种质资源样本，包括水稻、玉米、薯类、水果、蔬菜等，且都已定位，超额完成了省市下达的 20 ～ 30 份样本收集任务，完成了 1956 年、1981 年和 2014 年 3 个时间节点上的《第三次全国农作物种质资源普查与收集行动普查表》的调查填报任务，并详细填写了《第三次全国农作物种质资源普查与收集行动征集表》。

本次普查工作，大家积极性高，责任心强，朱贵平站长心有感触，大家是用一种情怀在普查：一是有主动的责任感，作为本职工作，大家二话不说，不怕辛苦；二是有强烈的成就感，当发现一个新的种质资源，大家会兴奋地跳起来；三是有淳朴的亲近感，跟大山深处的大伯大妈取经，了解山里人的历史传承，开阔眼界（如学会认识许多名贵的中药材），大家感觉很有收获；四是有开心的乐趣感，山里有野果吃，时不时给大家以惊喜；五是有品质的养生感，到山区可以呼吸新鲜空气，进入深山峡谷老林可以避暑，伙计配合好，一路有笑声，心情特好。

我们将积极配合省农业科学院专家团队开展系统调查工作，发扬一鼓作气、连续作战精神，争取足迹踏遍仙居山区的每一个村，挖掘尽可能多的农作物种质资源，为农作物种质资源的保护与开发再添新功。

## 二、信息报道

发布信息报道 9 条。

1.

⌂ 设为首页   ✓ 加入收藏   ☰ 站内地图

首页    组织机构    工作动态    法规标准    种业资讯    办事指南    下载中心    政务咨询    调查征集

总站简介  │  协会简介  │  会员单位简介

的全省天气预报和浙江沿海海面风力预报: 全省天气预报: 今天: 东南      请输入搜索关键字          全文搜索          ▼    搜索

您所在的位置: 首页 > 工作动态 > 地方动态 > 详细

### 马铃薯新品种现场验收会议在仙居召开

来源: 仙居县种子管理站   作者: 朱贵平   点击数 6   发布时间: 2017-05-17

【保护视力色: ▢▢▢▢▢▢▢▢▢ 】【文字: 大 中 小 】

为加快推广马铃薯—水稻新型轮作模式, 提高马铃薯种植经济效益, 今年, 台州市农业科学研究院在仙居县实施了"马铃薯新品种引选与推广应用"项目。共有"小黄皮"、"克新23"等40个新品种参试, 并示范了"兴佳2号"和"中薯20"两个新品种, 试验示范地点在仙居县白塔镇下崔村。

5月15日下午, 台州市农业科学研究院组织有关专家对"马铃薯新品种引选与推广应用"项目进行中期田间测产验收。专家组首先考察了新品种筛选试验, 并现场验收了2个示范新品种"兴佳2号"和"中薯20"。验收结果, "兴佳2号"和"中薯20"折净鲜薯亩产分别为1507.1公斤和1405.5公斤, 且大于50克的商品薯比例高, 分别达到84.6%和87.0%。商品薯比例以100—150克为最高, 占比分别为32.0%和33.9%。

专家组认为, 项目实施区马铃薯田间种植规范, 长势均匀, 平衡高产, 提供的管理和技术方案详实, 与当地传统马铃薯种植比较, 增产增效明显, 项目的实施将有力地促进马铃薯—水稻新型轮作模式和马铃薯产业在当地的发展。

浙江种业网

打印　　关闭

组织机构 | 工作动态 | 法规标准 | 品种管理 | 产业管理 | 质量管理 | 办事指南 | 下载中心 | 种业论坛 | 种业商务

主办单位：浙江省种子管理总站/浙江省种子产业协会 浙ICP 5035102 联系电话：0571-86757067 管理员登录

联系我们 | 版权声明 　 您是第 ５０６４０３ 位访问者 　　　　　　　　　　技术支持：浙江森特信息技术有限公司

浙公网安备 33010402000520号

**2.**

首页　　组织机构　　工作动态　　法规标准　　种业资讯　　办事指南　　下载中心　　政务咨询　　调查征集

浙江省气象台6月8日5点发布的全省　　　请输入搜索关键字　　　全文搜索　▼　　搜索

您所在的位置：首页 > 工作动态 > 地方动态 > 详细

### 仙居：深山淘宝，种质资源普查继续前行

来源：仙居县种子管理站　作者：朱贵平　点击数 17 发布时间：2017-06-07

【保护视力色：□□□□□□□□□】【文字：大 中 小】

　　在前阶段普查取得一定成效的基础上，6月6日仙居县农作物种质资源普查小组又踏上了普查的新征程。这次他们上了海拔700多米的仙居县萍溪林场调查，重点放在扛轿田、石头坦两个区域。

　　扛轿田、石头坦为官路镇谷坦村的2个自然村，人口不多，年轻人都已下山，只有几个年纪长者在家坚守，耕耘着这方尤如世外桃源般的土地，据柴金理、张冬弟两位老人介绍，这次被大家发现的野生山药、生姜芋、本地丝瓜、本地蒲瓜、红小葱、西瓜番薯、3粒寸糯稻等14个种质资源，都是他们这一辈人一直在种的仙居地方老品种，历史悠久。功夫不负有心人，如此收获，对大伙是莫大的鼓舞。

　　虽然生活在深山村，交通不便，信息不畅，但他们仍然十分热爱这方水土，也为传承农耕文化作出了贡献。他们还为大伙介绍了许多名贵中药材，如金钟细辛、肺形草、鹿含草、七叶一枝花、八角莲等，并教给大家辨认方法，如同上了一堂生动的中药材科普及课，大家受益匪浅。

打印 关闭

组织机构 | 工作动态 | 法规标准 | 品种管理 | 产业管理 | 质量管理 | 办事指南 | 下载中心 | 种业论坛 | 种业商务

主办单位：浙江省种子管理总站/浙江省种子产业协会 浙ICP 5035102 联系电话：0571-86757067 管理员登录

联系我们 | 版权声明 您是第 5 1 6 3 5 7 位访问者 技术支持：浙江森特信息技术有限公司

浙公网安备 33010402000520号

3.

4.

5.

**3 | 浙江种业**

2017年12月16日　农村信息报
协办：浙江省种子管理总站
主编：葛勇进　电话：0571-86757195　E-mail：gyj1888@163.com

# 寻找"仙人"留下的物种
## ——仙居第三次全国农作物种质资源普查与收集行动纪实

仙居是一个"八山一水一分田"的山区县，也是国家级生态县，境内农作物种质资源库丰富，早在宋朝开宝年间，就有仙居杨梅的记载，距今已有1000多年历史。在仙居福应街道桐桥村，还保留一株明朝初期的古杨梅树村，每年都果实累累。

今年4月，第三次全国农作物种质资源普查与收集行动在我省启动以来，仙居作为全省19个系统调查县之一，仙居县农业局十分重视，成立了以种子站、粮油站、蔬菜办、特产站等部门共同参与的普查小组，全面推进该项工作。

**措施有力保普查**

根据普查方案，普查人员确定了五类征集对象：一是未入国家(省)级种质资源库(圃)的；二是具有地方特色的；三是有悠久历史和农耕文化的；四是具有推广、开发利用前景的；五是稀有、濒危的种质资源。

征集对象确定后，普查人员随即投入工作，先对全县各乡镇的地方品种和野生近缘种进行调查摸底，了解基本情况，为后续全方位的普查打好基础。其次，根据调查情况，在全县范围内确定朱溪镇、宫前镇上张乡、淡竹乡和安岭乡为重点普查乡镇。这几个乡镇均地处山区，物种资源丰富。

为了调动农户的积极性，更加全面的普查种质资源，仙居县农业局还出台政策：新发现一个未备案的种质资源，给予发现户200元奖励；能留树的，马上委托农户小面积自繁，并根据留种而和留种难度，给予500~800元补助。同时在朱溪镇朱家岸、埠头镇小屋基等村建立了种质资源留繁种基地，选择有一定种植经验并熟悉田间记载工作的农民技术员担任种植户，把片集到的部分种质资源通过自繁方式及时保存下来，做好留种工作，确保普查任务顺利完成。

**爬山涉水找物种**

"养在深闺人未识"的种质资源，寻找不易，需要多看、多跑、多打听。由于目标明确，措施得当，仙居县的种质资源普查工作有序开展，有效推进，上山下乡找物种，有了明显成效。

5月16日，在查阅档案、走访老农、调查摸底的基础上，普查小组即奔赴重点乡镇开展野外调查。首个调查点是位于海拔520米、由9个自然村组成的朱溪镇丰田村，该村距县城有50多公里，属典型的山区。果然不出大家所料，当日采集到的种质资源达13份，都是仙居种植历史悠久，其中与马铃薯3份(小黄皮、猪腰洋芋、红皮洋芋)，甘薯1份(红皮白心)，杨梅3份(水梅、白梅梅、野生杨梅)，其他果树5份(本地小梅、八月桃、胡颓子、本地小圆枣、青梅)，野生农种1份(藤种)，收获颇丰。

6月6日，普查小组登上了海拔700多米的仙居萍溪林场开展调查，重点是万竹坪村、石头垟自然村。由于山路险峻，村里年轻人大都下山迁走，有几个年长者还在坚守，耕耘着古老的土地。普查经上山下田，仔细调查，发现了野生山药、生姜芋、本地丝瓜、本地瓠瓜、红小葱、西瓜番薯，3粒好糯稻等14个珍贵资源。据村里老人介绍，这些品种有多是一辈人一直在种的仙居地方老品种，年代久远。老人们种植经验丰富，还为普查人员介绍了当地的许多名贵中药材物资源，如"金钟烟芋""断肠草""鹿含草""七叶一枝花""乌不骑""八角莲"等，并教给大家辨认方法。

7~10月，普查人员重点走访了埠头镇小屋基村，上张乡苗江村、奶岙村，先后征集了12个老品种，分别"百廿日玉米""矮脚金豆""独自人芋""八角天罗""红筋圆角金豆""乌籽旱芋""红萝卜""粟米""野生小葡萄""野生藤梨""芋皮辣芋(仙居俗称"鸟岛")等。

考虑到仙居萍溪林场山高林密，地形多样，农作物种质资源丰富，11月6日，普查小组再次来到了桥田和石垟头自然村，重新进行普查，并扩大普查区域，又发现了"本地蒜头""生姜芋""黄毛芋""野生柿子"山柿子""山楂梨"等种质资源20个，其中，越是交通不便、山高路远的偏

先前普查到的14个种质资源，在该区域共发现了34个种质资源。

**众志成城见成效**

种质资源普查工作量大，任务重，为了顺利完成普查任务，大家发扬特别能吃苦、特别能战斗的铁军精神，以强烈的责任意识，众志成城，取得了收获了阶段性成果。截至目前，全县共发现和确认了59个具本地特色的种质资源，共有70个种质资源入选国家种质库；有2个入选种质资源；有20多个种质资源被《台州市蔬菜种质资源普查与利用》一书，包括了根薯类、叶菜类、豆类、葱蒜类、瓜类、薯芋类、多年生蔬菜类等多作物品种。

越是交通不便、山高路远的偏僻村，越是普查的重点。安岭乡麻山村是仙居县最边的村，海拔750多米，开车走一趟需要2.5小时；海拔最高的村是堪头镇牛郎村，有900米，普查小组不辞辛苦，多次前往，并发现许多老品种。

11月1~2日，在台州市种子管理部门举办的全市种质资源普查收集工作推进微培训会上，省种子管理部门的专家对仙居的种质资源普查工作给予了高度肯定。下阶段，仙居县将全面普查本县的粮油、蔬菜、经济、果树、牧草等作物的珍稀、名优、特异的种质资源，力争提前完成种质资源系统县的普查任务，并征集到30份以上具有开发利用价值的农作物种质资源。

仙居县种子管理站
朱贵平　朱再荣　张群华

---

## 仙居农村的"土"种，你认识吗

**1.小黄皮洋芋**

来源及分布："小黄皮洋芋"是仙居传统马铃薯品种，栽培历史悠久，主要分布在该县广度、上张、宫路等乡镇，由于产量低，目前种植面积极小。

特征特性：该品种株高45厘米左右，开展度40厘米×50厘米，分枝中等，叶绿色。结薯较散，薯块近圆形，表皮光滑、淡黄色，薯肉黄色，品质稍坚细腻，食味佳。薯块小而整齐，直径3~4厘米，单株结薯15个左右，喜光不耐荫，迟熟，播种至初收100~110天。亩产量750~1000公斤。轻感环腐病和青枯病。

**2.120日玉米**

来源及分布：仙居农家优质玉米品种，栽培历史悠久，目前仅在该县上张乡奶岙抗村有零星种植。

特征特性：植株高大，叶呈展，茎秆较粗，次生根少，抗倒伏较好。果穗长锥形，每穗结籽10~12行，单穗重约160克。籽粒黄白色，马齿型，千粒重277克，出籽率85.4%。食用品质好，粉质糯。迟熟，全生育期150天左右，不耐旱，怕瘦，喜暖光，抗病性好。一般亩产200公斤左右，产量偏低。

**3.红筋园荚金豆**

来源及分布：仙居县农家品种，栽培历史悠久，主要分布在该县上张、广度，宫路等乡镇。

特征特性：植株盛生，长3~4米，生长势强，分枝较多，花冠粉红色，嫩荚长圆条形，稍阔，浅绿色；老荚皮面均匀分布粉红色条状斑点，有10~15克；籽粒褐色在黄褐色每条状条纹，百粒重28克。中熟，出苗后约50天可采收，嫩荚粗细少、嫩、味甜、品质佳，喜温暖，怕寒，又不耐荫，宜在土壤肥沃的排水良好，土层深厚、含钾多、不缺的微酸性土壤，忌与豆科作物连作。亩产鲜荚1000~1500公斤。

**4.独自人芋**

来源及分布：该毛芋品种系仙居地方品种，栽培历史悠久，主要分布在该县宫路镇，由于产量低，目前种植面积极小。

特征特性：株高150~200厘米左右，分蘖中等偏强；叶绿色，长60厘米，宽55厘米，叶面光滑、绿色，背面浅绿色，叶缘光滑，叶柄绿色，母芋呈长椭圆形、芋皮褐色，肉浅粉色，单芋重900克；单株结子芋8~12个，总重约500克，以食母芋为主，子芋也可食，该品种耐热，耐旱，不耐寒，抗腐性强，全生育期200天左右，亩产1300~1500公斤。

**5.黄肉猕猴桃**

来源及分布：野生猕猴桃系品种，是该县上张乡苗江村村民郭友福于2007年在海拔1200米高山上发现的，现已将母树进行扩繁。

特征特性：该品种的猕猴桃树长势强盛，枝桠粗壮，叶背面有茸毛，10月成熟采收，果实呈长椭圆形，平均果重50克左右，最大果重100克，丰产性好，果皮黄褐色，果面光滑，茸毛少；果肉金黄，维生素C含量高(据省农科院测定含量为116.3毫克/100克，可溶性固形物含量16.7克/100克)，钙、铁、锌、硒含量高，肉质细嫩汁多、风味香甜可口，营养丰富，品质优。

**6.黄花菜**

来源及分布：别名"金针"，系农家品种，属百合科摺叶萱草属多年生宿根草本植物，栽培历史悠久。现在该县朱溪，下各、横溪、白塔、上张等乡镇有零星种植。

特征特性：该品种叶狭长，花薹由叶从中抽出，薹高80~120厘米，每一花苞陆续开20~60朵花；对环境要求不高，耐瘠、耐旱、耐荫，在坡地、沙滩上均可生长。6月下旬~6月上中旬开始采摘，采收期可达30天左右，种植后可连续采收多年，盛产期每亩可采收折干花50公斤左右。

## 三、参考文献

林太赟，张胜，2016.台州市蔬菜种质资源普查与应用［M］.北京：中国农业科学技术出版社.

余应弘，2016.湖南省农作物种质资源普查与收集指南［M］.北京：中国农业大学出版社.

浙江省农业农村厅，2019.杨梅［M］.北京：中国农业科学技术出版社.

台州市种子学会，1996.蔬菜品种名录（内部资料）.

# 四、普查表

## "第三次全国农作物种质资源普查与收集"普查表

### 1956 年基本情况

填表人：张群华　　日期：2017年11月30日　　联系电话：89380177

### 一、基本情况

| | | | | | | 基本情况 |
|---|---|---|---|---|---|---|
| （一）县名 | 仙居县 | | | | | |
| （二）历史沿革（名称、地域、区划变化） | 仙居自东晋永和三年（公元347年）建县，名乐安，吴越宝正五年（公元930年）改名永安，公元1007年宋真宗赵恒以其"洞天福地屏蔽周卫，而多神仙之宅"赐名仙居 | | | | | |
| （三）行政区划 | 县辖： | 32 | 个乡／镇 | 655 | 个村 | 县城所在地：城关 |
| （四）地理系统 | 海拔范围 | 10～1382.4 米 | | 经度范围 | 120.17°～120.55° | |
| | 纬度范围 | 28.47°～29° | | 年均气温 | 17.6℃ | 年均降水量 1815.4 毫米 |
| （五）人口及民族状况 | 总人口数： | 24.65 | 万人 | 其中农业人口： | 24.22 | 万人 |
| | 少数民族数量： | 0 | 个，其中人口总数排名前十的民族信息： | | | |
| | 民族： | | 人口： | 万， | 民族： | 人口：　万 |
| | 民族： | | 人口： | 万， | 民族： | 人口：　万 |
| | 民族： | | 人口： | 万， | 民族： | 人口：　万 |
| | 民族： | | 人口： | 万， | 民族： | 人口：　万 |
| | 民族： | | 人口： | 万， | 民族： | 人口：　万 |

续表

## 一、基本情况

| （六）土地状况 | 县总面积： | 1 991.99 | 平方千米 | 耕地面积： | 26.43 | 万亩 |
| | 草场面积： | 未查到 | 万亩 | 林地面积： | 21.54 | 万亩 |
| | 湿地（滩涂）面积： | 未查到 | 万亩 | 水域面积： | 12.9 | 万亩 |
| （七）经济状况 | 生产总值： | 2 067 | 万元 | 工业总产值： | 367 | 万元 |
| | 农业总产值： | 1 700 | 万元 | 粮食总产值： | 800 | 万元 |
| | 经济作物总产值： | 9 | 万元 | 畜牧业总产值： | 324 | 万元 |
| | 水产总产值： | 116 | 万元 | 人均收入： | 42 | 元 |
| （八）受教育情况 | 高等教育： | 0 | % | 中等教育： | 0.21 | % |
| | 初等教育： | 41.79 | % | 未受教育： | 58 | % |
| （九）特有资源及利用情况 | 无 | | | | | |
| （十）当前农业生产存在的主要问题 | 农业基础设施差，农民种田水平普遍不高，抗击自然灾害能力薄弱。1956 年夏，旱灾，水稻受灾面积 6 万亩 | | | | | |
| （十一）总体生态环境自我评价 | 优 | | | | （优、良、中、差） | |
| （十二）总体生活状况（质量）自我评价 | 差 | | | | （优、良、中、差） | |
| （十三）其他 | 林地面积为 1957 年数据；气温和降水量是 1961 年数据；受教育情况为 1954 年数据 | | | | | |

## 二、全县种植的粮食作物情况

| 作物种类 | 种植面积（亩） | 种植品种数目 | | | | | | | | 具有保健、药用、工艺品、宗教等特殊用途品种 | | |
| --- | --- | --- | --- | --- | --- | --- | --- | --- | --- | --- | --- | --- |
| | | 地方品种 | | | | 培育品种 | | | | | | |
| | | 数目 | 代表性品种 | | | 数目 | 名称 | 代表性品种 | | 名称 | 用途 | 单产（千克/亩） |
| | | | 名称 | 面积（亩） | 单产（千克/亩） | | | 面积（亩） | 单产（千克/亩） | | | |
| 大麦 | 21 179 | 7 | 六棱大麦 | 18 000 | 65 | | | | | | | |
| | | | 四棱大麦 | 500 | 55 | | | | | | | |
| | | | 白皮大麦 | 500 | 55 | | | | | | | |
| | | | 红皮大麦 | 500 | 55 | | | | | | | |
| | | | 肖山立夏黄 | 200 | 58 | | | | | | | |
| 小麦 | 203 097 | 8 | 洛阳青 | 180 000 | 65 | 1 | 南大 2419 | 1 500 | 75 | | | |
| | | | 红壳龙须 | 500 | 50 | | | | | | | |
| | | | 火烧赤 | 500 | 50 | | | | | | | |
| | | | 矮粒多 | 5 100 | 55 | | | | | | | |
| | | | 仙居大头 | 4 000 | 55 | | | | | | | |
| 水稻 | 122 610 | 23 | 八十日 | 15 000 | 60 | 2 | 南特号 | 800 | 80 | | | |
| | | | 五0三 | 74 000 | 70 | | 晚籼 9 号 | 500 | 160 | | | |
| | | | 横山稻 | 2 000 | 120 | | | | | | | |
| | | | 迟矮黄 | 3 500 | 150 | | | | | | | |
| | | | 散稀稻 | 5 500 | 130 | | | | | | | |
| 玉米 | 131 522 | 5 | 六十日 | 10 000 | 65 | | | | | | | |
| | | | 八十日 | 20 000 | 72 | | | | | | | |
| | | | 一百日 | 30 000 | 74 | | | | | | | |
| | | | 百廿日 | 60 000 | 76 | | | | | | | |
| | | | 磐安黄子 | 11 522 | 74 | | | | | | | |

续表

## 二、全县种植的粮食作物情况

| 作物种类 | 种植面积（亩） | 地方品种 数目 | 代表性品种 名称 | 代表性品种 面积（亩） | 代表性品种 单产（千克/亩） | 种植品种数目 数目 | 培育品种 代表性品种 名称 | 培育品种 代表性品种 面积（亩） | 培育品种 代表性品种 单产（千克/亩） | 具有保健、药用、工艺品、宗教等特殊用途品种 名称 | 用途 | 单产（千克/亩） |
|---|---|---|---|---|---|---|---|---|---|---|---|---|
| 大豆 | 51 233 | 8 | 大白豆 | 10 000 | 32 | | | | | | | |
| | | | 括拆豆 | 1 500 | 25 | | | | | | | |
| | | | 乌豆 | 15 000 | 40 | | | | | | | |
| | | | 六月豆 | 15 000 | 40 | | | | | | | |
| | | | 青皮豆 | 8 000 | 35 | | | | | | | |
| 马铃薯 | 8 880 | 2 | 黄皮种 | 6 000 | 350 | | | | | | | |
| | | | 红皮种 | 2 880 | 330 | | | | | | | |
| 甘薯 | 10 132 | 2 | 六十日 | 4 132 | 890 | | | | | | | |
| | | | 胜利百号 | 6 000 | 870 | | | | | | | |
| 蚕豆 | 5 356 | 2 | 大健蚕豆 | 5 000 | 63 | | | | | | | |
| | | | 自健蚕豆 | 356 | 63 | | | | | | | |
| 黍稷 | 1 900 | 1 | 本地种 | 1 900 | 65 | | | | | | | |
| 高粱 | 1 000 | 1 | 本地种 | 1 000 | 50 | | | | | | | |
| 荞麦 | 800 | 1 | 本地种 | 800 | 27.5 | | | | | | | |

三、全县种植的油料、蔬菜、果树、茶、桑、棉麻等主要经济作物情况

| 作物种类 | 种植面积（亩） | 种植品种数目 | | | | | | | 培育品种 | | | | | 具有保健、药用、工艺品、宗教等特殊用途品种 | | |
|---|---|---|---|---|---|---|---|---|---|---|---|---|---|---|---|---|
| | | 地方或野生品种 | | | | 数目 | 代表性品种 | | | 代表性品种 | | | | 名称 | 用途 | 单产（千克/亩） |
| | | 数目 | 代表性品种 | | | | 名称 | 面积（亩） | 单产（千克/亩） | 名称 | 面积（亩） | 单产（千克/亩） | | | | |
| | | | 名称 | 面积（亩） | 单产（千克/亩） | | | | | | | | | | | |
| 花生 | 3 399 | 2 | 本地小联种 | 2 599 | 60 | | | | | | | | | | | |
| | | | 小京生 | 800 | 40 | | | | | | | | | | | |
| 油菜 | 241 | 2 | 胜利油菜 | 200 | 24 | | | | | | | | | | | |
| | | | 本地油菜 | 41 | 20 | | | | | | | | | | | |
| 芝麻 | 2 141 | 2 | 本地白芝麻 | 1 000 | 25 | | | | | | | | | | | |
| | | | 本地黑芝麻 | 1 141 | 30 | | | | | | | | | | | |
| 烟草 | 219 | 1 | 本地烟叶 | 219 | 77.5 | | | | | | | | | | | |
| 绿肥 | 11 606 | 1 | 紫云英 | 11 606 | 1 500 | | | | | | | | | | | |
| 萝卜 | 8 000 | 2 | 本地红萝卜 | 4 000 | 1 500 | | | | | | | | | | | |
| | | | 本地白萝卜 | 4 000 | 1 500 | | | | | | | | | | | |
| 不结球白菜 | 5 300 | 2 | 黄芽菜 | 3 000 | 700 | | | | | | | | | | | |
| | | | 白菜 | 2 300 | 800 | | | | | | | | | | | |
| 莴苣 | 2 000 | 1 | 苦荬 | 2 000 | 800 | | | | | | | | | | | |
| 芥菜 | 6 000 | 3 | 皱皮芥 | 2 800 | 1 000 | | | | | | | | | | | |
| | | | 小叶肖 | 1 400 | 1 000 | | | | | | | | | | | |
| | | | 大叶肖 | 1 800 | 1 200 | | | | | | | | | | | |
| 普通菜豆 | 1 000 | 1 | 红筋金豆 | 1 000 | 800 | | | | | | | | | | | |

续表

三、全县种植的油料、蔬菜、果树、茶、桑、棉麻等主要经济作物情况

| 作物种类 | 种植面积（亩） | 种植品种数目 | | | | | | | | | 具有保健、药用、工艺品、宗教等特殊用途品种 | | |
| --- | --- | --- | --- | --- | --- | --- | --- | --- | --- | --- | --- | --- | --- |
| | | 地方或野生品种 | | | | 培育品种 | | | | | 名称 | 用途 | 单产（千克/亩） |
| | | 数目 | 代表性品种 | | | 数目 | 代表性品种 | | | | | | |
| | | | 名称 | 面积（亩） | 单产（千克/亩） | | 名称 | 面积（亩） | 单产（千克/亩） | | | | |
| 豇豆 | 1 000 | 1 | 八月更 | 1 000 | 800 | | | | | | | | |
| 丝瓜 | 500 | 1 | 青皮天罗 | 500 | 1 000 | | | | | | | | |
| 南瓜 | 2 000 | 2 | 五瓣瓜 | 1 000 | 1 500 | | | | | | | | |
| | | | 大瓜 | 1 000 | 2 000 | | | | | | | | |
| 瓠瓜 | 500 | 1 | 冬蒲 | 500 | 2 000 | | | | | | | | |
| 芋 | 17 600 | 8 | 红花芋 | 5 000 | 1 300 | | | | | | | | |
| | | | 长老芋 | 2 000 | 1 200 | | | | | | | | |
| | | | 红芋 | 2 000 | 1 200 | | | | | | | | |
| | | | 水芋 | 2 000 | 1 200 | | | | | | | | |
| | | | 白芋 | 2 000 | 1 200 | | | | | | | | |
| 棉花 | 3 663 | 1 | 本地棉 | 3 663 | 8.5 | | | | | | | | |
| 梨 | 193 | 4 | 大川梨 | 60 | 1 100 | | | | | | | | |
| | | | 小川梨 | 50 | 1 600 | | | | | | | | |
| | | | 梅梨 | 50 | 800 | | | | | | | | |
| | | | 万梨 | 33 | 1 000 | | | | | | | | |
| 桃 | 130 | 2 | 增仁桃 | 65 | 500 | | | | | | | | |
| | | | 仙居毛桃 | 65 | 500 | | | | | | | | |

续表

三、全县种植的油料、蔬菜、果树、茶、桑、棉麻等主要经济作物情况

| 作物种类 | 种植面积（亩） | 种植品种数目 | | | | | | | | | | 具有保健、药用、工艺品、宗教等特殊用途品种 | | |
|---|---|---|---|---|---|---|---|---|---|---|---|---|---|---|
| | | 地方或野生品种 | | | | 培育品种 | | | | | | | | |
| | | 数目 | 代表性品种 | | | 数目 | 代表性品种 | | | 名称 | 用途 | 单产（千克/亩） |
| | | | 名称 | 面积（亩） | 单产（千克/亩） | | 名称 | 面积（亩） | 单产（千克/亩） | | | |
| 杨梅 | 550 | 2 | 仙居水梅 | 450 | 200 | | | | | | | |
| | | | 仙居土梅 | 100 | 200 | | | | | | | |
| 柿 | 100 | 1 | 本地牛奶柿 | 100 | 1 500 | | | | | | | |
| 茶树 | 1 757 | 1 | 野生茶树 | 1 757 | 33 | | | | | | | |
| 枇杷 | 6 | 1 | 黄枇杷 | 6 | 300 | | | | | | | |

# "第三次全国农作物种质资源普查与收集"普查表

## 1981 年基本情况

填表人：朱再荣　　　日期：2017 年 12 月 28 日　　　联系电话：89380177

### 一、基本情况

| （一）县名 | 仙居县 | | | |
|---|---|---|---|---|
| （二）历史沿革（名称、地域、区划变化） | 仙居原名乐安、永安，公元 1007 年由宋真宗赵恒赐名仙居 | | | |
| （三）行政区划 | | | | |
| | 县辖：34 个乡/镇 | 677 个村 | 县城所在地：城关镇 | |
| （四）地理系统 | | | | |
| | 海拔范围 10～1 382.4 米 | 经度范围 120.29°～120.93° | | |
| | 纬度范围 28.47°～29° | 年均气温 16.6℃ | 年均降水量 1 408.6 毫米 | |
| （五）人口及民族状况 | | | | |
| | 总人口数：39.4 万人 | 其中农业人口：37.7 万人 | | |
| | 少数民族数量：0 个，其中人口总数排名前十的民族信息： | | | |
| | 民族： | 人口： | 民族： | 人口： | 万 |
| | 民族： | 人口： | 民族： | 人口： | 万 |
| | 民族： | 人口： | 民族： | 人口： | 万 |
| | 民族： | 人口： | 民族： | 人口： | 万 |
| | 民族： | 人口： | 民族： | 人口： | 万 |

续表

## 一、基本情况

### (六) 土地状况

| 项目 | 数值 | 单位 | 项目 | 数值 | 单位 |
|---|---|---|---|---|---|
| 县总面积： | 1 991.99 | 平方千米 | 耕地面积： | 26.17 | 万亩 |
| 草场面积： | 未查到 | 万亩 | 林地面积： | 24.38 | 万亩 |
| 湿地（滩涂）面积： | 未查到 | 万亩 | 水域面积： | 12.82 | 万亩 |

### (七) 经济状况

| 项目 | 数值 | 单位 | 项目 | 数值 | 单位 |
|---|---|---|---|---|---|
| 生产总值： | 22 640 | 万元 | 工业总产值： | 7 041 | 万元 |
| 农业总产值： | 11 352 | 万元 | 粮食总产值： | 4 953 | 万元 |
| 经济作物总产值： | 976 | 万元 | 畜牧业总产值： | 1 793 | 万元 |
| 水产总产值： | 37 | 万元 | 人均收入： | 292 | 元 |

### (八) 受教育情况

| 项目 | 数值 | 单位 | 项目 | 数值 | 单位 |
|---|---|---|---|---|---|
| 高等教育： | 0.2 | % | 中等教育： | 17.71 | % |
| 初等教育： | 57.52 | % | 未受教育： | 24.57 | % |

### (九) 特有资源及利用情况

无

### (十) 当前农业生产存在的主要问题

农田基础设施较差，抗灾能力弱。农业投入少产量低

### (十一) 总体生态环境自我评价

优 （优、良、中、差）

### (十二) 总体生活状况（质量）自我评价

差 （优、良、中、差）

### (十三) 其他

无

## 二、全县种植的粮食作物情况

| 作物种类 | 种植面积（亩） | 种植品种数目 | | | | | | | | 具有保健、药用、工艺品、宗教等特殊用途品种 | | |
| --- | --- | --- | --- | --- | --- | --- | --- | --- | --- | --- | --- | --- |
| | | 地方品种 | | | | 培育品种 | | | | | | |
| | | 数目 | 代表性品种 | | | 数目 | 代表性品种 | | | 名称 | 用途 | 单产（千克/亩） |
| | | | 名称 | 面积（亩） | 单产（千克/亩） | | 名称 | 面积（亩） | 单产（千克/亩） | | | |
| 大麦 | 2 900 | | | | | 3 | 浙皮1号 | 1 000 | 155 | | | |
| | | | | | | | 早熟3号 | 1 100 | 138 | | | |
| | | | | | | | 浙农大3号 | 800 | 160 | | | |
| 小麦 | 114 300 | | | | | 8 | 浙麦1号 | 40 000 | 145 | | | |
| | | | | | | | 引种68 | 1 300 | 140 | | | |
| | | | | | | | 矮洛阳 | 800 | 140 | | | |
| | | | | | | | 吉利 | 2 200 | 140 | | | |
| | | | | | | | 浙麦2号 | 70 000 | 150 | | | |
| 水稻 | 358 500 | | | | | 32 | 合早5-10 | 50 180 | 345 | | | |
| | | | | | | | 四梅2号 | 29 800 | 335 | | | |
| | | | | | | | 原丰早 | 25 000 | 330 | | | |
| | | | | | | | 汕优6号 | 137 500 | 415 | | | |
| | | | | | | | 威优6号 | 17 000 | 410 | | | |
| 玉米 | 26 100 | 3 | 百廿日 | 840 | 150 | 4 | 丹玉6号 | 9 500 | 220 | | | |
| | | | 八十日 | 150 | 120 | | 旅曲 | 8 600 | 210 | | | |
| | | | 六十日 | 70 | 110 | | 双三 | 6 500 | 205 | | | |
| | | | | | | | 虎单5号 | 440 | 210 | | | |

续表

二、全县种植的粮食作物情况

| 作物种类 | 种植面积（亩） | 地方品种 数目 | 代表性品种 名称 | 面积（亩） | 单产（千克/亩） | 种植品种种数目 | 培育品种 数目 | 代表性品种 名称 | 面积（亩） | 单产（千克/亩） | 具有保健、药用、工艺品、宗教等特殊用途品种 名称 | 用途 | 单产（千克/亩） |
|---|---|---|---|---|---|---|---|---|---|---|---|---|---|
| 大豆 | 26 200 | 3 | 六月豆 | 11 200 | 100 | | 2 | 矮脚白毛 | 3 200 | 120 | | | |
| | | | 五月拔 | 7 500 | 95 | | | 矮脚早 | 2 800 | 110 | | | |
| | | | 青皮豆 | 1 500 | 110 | | | | | | | | |
| 马铃薯 | 14 000 | 3 | 小黄皮 | 4 300 | 1 050 | | 1 | 克新 1 号 | 2 400 | 1 550 | | | |
| | | | 红皮洋芋 | 2 300 | 1 100 | | | | | | | | |
| | | | 猪腰洋芋 | 5 000 | 1 100 | | | | | | | | |
| 甘薯 | 24 500 | 1 | 六十日 | 2 000 | 1 250 | | 3 | 红头八号 | 9 000 | 1 500 | | | |
| | | | | | | | | 胜利百号 | 9 500 | 1 480 | | | |
| | | | | | | | | 红红一号 | 4 000 | 1 500 | | | |
| 蚕豆 | 300 | | | | | | 1 | 启豆一号 | 300 | 120 | | | |
| 豌豆 | 800 | | | | | | 2 | 白豌豆 | 400 | 130 | | | |
| | | | | | | | | 花豌豆 | 400 | 130 | | | |

三、全县种植的油料、蔬菜、果树、茶、桑、棉麻等主要经济作物情况

| 作物种类 | 种植面积（亩） | 地方或野生品种 数目 | 地方或野生品种 代表性品种 名称 | 面积（亩） | 单产（千克/亩） | 种植品种数目 数目 | 培育品种 代表性品种 名称 | 面积（亩） | 单产（千克/亩） | 具有保健、药用、工艺品、宗教等特殊用途品种 名称 | 用途 | 单产（千克/亩） |
|---|---|---|---|---|---|---|---|---|---|---|---|---|
| 花生 | 1 800 | 1 | 本地大芟种 | 800 | 95 | 2 | 116 | 400 | 105 | | | |
| | | | | | | | 花27 | 600 | 100 | | | |
| 油菜 | 2 000 | | | | | 2 | 92-13系 | 1 100 | 72 | | | |
| | | | | | | | 浙油7号 | 900 | 65 | | | |
| 芝麻 | 1 100 | 1 | 本地黑芝麻 | 350 | 50 | 1 | 中芝7号 | 750 | 65 | | | |
| 绿肥 | 108 100 | | | | | 3 | 宁波大桥种 | 36 000 | 2 100 | | | |
| | | | | | | | 平湖大叶种 | 54 000 | 1 900 | | | |
| | | | | | | | 本地满地红 | 18 100 | 1 750 | | | |
| 大白菜 | 3 000 | 2 | 白菜 | 2 000 | 1 200 | | | | | | | |
| | | | 黄芽菜 | 1 000 | 1 000 | | | | | | | |
| 莴苣 | 1 000 | 1 | 苦荬 | 1 000 | 900 | | | | | | | |
| 芥菜 | 3 000 | 3 | 皱皮芥 | 1 000 | 1 200 | | | | | | | |
| | | | 大叶肖 | 1 500 | 1 400 | | | | | | | |
| | | | 小叶肖 | 500 | 1 200 | | | | | | | |
| 普通菜豆 | 500 | 1 | 红筋金豆 | 500 | 1 200 | | | | | | | |
| 萝卜 | 2 800 | 2 | 胡萝卜 | 800 | 1 000 | | | | | | | |
| | | | 萝卜 | 2 000 | 1 500 | | | | | | | |
| 葫芦 | 800 | 1 | 冬蒲 | 800 | 1 000 | | | | | | | |

续表

三、全县种植的油料、蔬菜、果树、茶、桑、棉麻等主要经济作物情况

| 作物种类 | 种植面积（亩） | 地方或野生品种 | | | | 种植品种数目 | 培育品种 | | | | 具有保健、药用、工艺品、宗教等特殊用途品种 | | |
|---|---|---|---|---|---|---|---|---|---|---|---|---|---|
| | | 数目 | 代表性品种 | | | | 数目 | 代表性品种 | | | 名称 | 用途 | 单产（千克/亩） |
| | | | 名称 | 面积（亩） | 单产（千克/亩） | | | 名称 | 面积（亩） | 单产（千克/亩） | | | |
| 棉花 | 200 | | | | | 1 | 1 | 岱字15号 | 200 | 63.5 | | | |
| 西瓜 | 200 | 1 | 本地乌皮 | 200 | 1 500 | | | | | | | | |
| 柑橘 | 4 181 | | | | | 4 | 4 | 温州蜜柑 | 3 600 | | | | |
| | | | | | | | | 椪柑 | 400 | | | | |
| | | | | | | | | 本地早 | 120 | | | | |
| | | | | | | | | 樟橘 | 61 | | | | |
| 梨 | 297 | 3 | 饭梨 | 150 | 882 | | | | | | | | |
| | | | 梅梨 | 120 | 810 | | | | | | | | |
| | | | 山棠梨 | 27 | 750 | | | | | | | | |
| 桃 | 74 | 1 | 实生桃 | 74 | 1 020 | | | | | | | | |
| 杨梅 | 1 006 | 3 | 本地水梅 | 750 | 410 | | | | | | | | |
| | | | 铁梅 | 160 | 390 | | | | | | | | |
| | | | 白杨梅 | 96 | 380 | | | | | | | | |

# "第三次全国农作物种质资源普查与收集" 普查表

## 2014 年基本情况

填表人: 朱再荣　　　　日期: 2017 年 12 月 28 日　　　　联系电话: 89380177

### 一、基本情况

| （一）县名 | 仙居县 | | | | |
|---|---|---|---|---|---|
| （二）历史沿革（名称、地域、区划变化） | 仙居原名乐安、永安，公元 1007 年由宋真宗赵恒赐名仙居（1956 年、1981 年、2014 年仙居县县域面积县域无变化，1956 年、1981 年按统计年鉴面积，2014 年县域面积统计年鉴以为航拍计算准确面积）。 | | | | |
| （三）行政区划 | 县辖: | 20 | 个乡/镇 | 7 | 418 | 个村 | 县城所在地: | 南峰街道 |
| （四）地理系统 | 海拔范围 | 10～1 382.4 米 | 经度范围 | 120.29°～120.93° | 年均降水量 | 1 871.3 毫米 |
| | 纬度范围 | 28.47°～29° | 年均气温 | 18.1℃ | | |

| （五）人口及民族状况 | 总人口数: | 50.87 | 万人 | 其中农业人口: | 45.73 | 万人 |
|---|---|---|---|---|---|---|
| | 少数民族数量: | 7 | 个，其中人口总数排名前十的民族信息: | | | |
| | 民族: | 苗族 | 人口: | 0.043 | 万，民族: | 回族 | 人口: | 0.003 | 万 |
| | 民族: | 布依族 | 人口: | 0.039 | 万，民族: | 藏族 | 人口: | 0.002 | 万 |
| | 民族: | 壮族 | 人口: | 0.024 | 万，民族: | | 人口: | | 万 |
| | 民族: | 畲族 | 人口: | 0.020 | 万，民族: | | 人口: | | 万 |
| | 民族: | 蒙古族 | 人口: | 0.003 | 万，民族: | | 人口: | | 万 |

续表

一、基本情况

| （六）土地状况 | | | | | |
|---|---|---|---|---|---|
| | 县总面积： | 2 000.1 | 平方千米 | 耕地面积： | 37.58 | 万亩 |
| | 草场面积： | 未查到 | 万亩 | 林地面积： | 217.15 | 万亩 |
| | 湿地（滩涂）面积： | 未查到 | 万亩 | 水域面积： | 10.37 | 万亩 |
| （七）经济状况 | | | | | |
| | 生产总值： | 1 558 254 | 万元 | 工业总产值： | 528 757 | 万元 |
| | 农业总产值： | 145 531 | 万元 | 粮食总产值： | 32 044 | 万元 |
| | 经济作物总产值： | 60 893 | 万元 | 畜牧业总产值： | 35 500 | 万元 |
| | 水产总产值： | 5 208 | 万元 | 人均收入： | 2 657 | 元 |
| （八）受教育情况 | | | | | |
| | 高等教育： | 13 | % | 中等教育： | 59.5 | % |
| | 初等教育： | 21.3 | % | 未受教育： | 6.2 | % |
| （九）特有资源及利用情况 | | | | | |
| | 无 | | | | | |
| （十）当前农业生产存在的主要问题 | | | | | |
| | 农村劳动力主要是年龄大、废劳力多，规模经营少，机械化程度低 | | | | | |
| （十一）总体生态环境自我评价 | | | | | |
| | 良 | （优、良、中、差） | | | | |
| （十二）总体生活状况（质量）自我评价 | | | | | |
| | 中 | （优、良、中、差） | | | | |
| （十三）其他 | | | | | |
| | 无 | | | | | |

续表

## 二、全县种植的粮食作物情况

| 作物种类 | 种植面积（亩） | 地方品种 数目 | 地方品种 代表性品种 名称 | 面积（亩） | 单产（千克/亩） | 培育品种 数目 | 培育品种 代表性品种 名称 | 面积（亩） | 单产（千克/亩） | 具有保健、药用、工艺品、宗教等特殊用途品种 名称 | 用途 | 单产（千克/亩） |
|---|---|---|---|---|---|---|---|---|---|---|---|---|
| 大麦 | 420 | | | | | 2 | 浙农大3号 | 300 | 212 | | | |
| | | | | | | | 浙皮3号 | 120 | 210 | | | |
| 小麦 | 7 920 | | | | | 3 | 扬麦1号 | 2 000 | 214 | | | |
| | | | | | | | 温麦10号 | 3 920 | 210 | | | |
| | | | | | | | 浙丰2号 | 2 000 | 220 | | | |
| 水稻 | 140 010 | | | | | 27 | 中早39 | 2 500 | 411 | | | |
| | | | | | | | 中浙优1号 | 31 556 | 502 | | | |
| | | | | | | | 甬优12 | 4 282 | 620 | | | |
| | | | | | | | 甬优15 | 12 688 | 550 | | | |
| | | | | | | | 甬优17 | 5 044 | 555 | | | |
| 玉米 | 34 905 | 1 | 百甘日 | 70 | 280 | 21 | 登海605 | 4 100 | 351 | | | |
| | | | | | | | 济单7号 | 16 000 | 360 | | | |
| | | | | | | | 承玉19 | 2 600 | 340 | | | |
| | | | | | | | 丰乐21 | 3 000 | 335 | | | |
| | | | | | | | 丹玉26 | 2 100 | 330 | | | |
| 大豆 | 14 415 | 1 | 乌皮豆 | 30 | 110 | 9 | 乌皮青仁 | 400 | 148 | | | |
| | | | | | | | 菁皮豆 | 5 200 | 151 | | | |
| | | | | | | | 浙秋豆3号 | 3 700 | 143 | | | |
| | | | | | | | 浙春2号 | 1 200 | 110 | | | |
| | | | | | | | 浙秋豆2号 | 2 900 | 125 | | | |

续表

## 二、全县种植的粮食作物情况

| 作物种类 | 种植面积（亩） | 种植品种数目 | | | | | | | | | 具有保健、药用、工艺品、宗教等特殊用途品种 | | |
| --- | --- | --- | --- | --- | --- | --- | --- | --- | --- | --- | --- | --- | --- |
| | | 地方品种 | | | | 培育品种 | | | | | 名称 | 用途 | 单产（千克/亩） |
| | | 数目 | 代表性品种 | | | 数目 | 代表性品种 | | | | | | |
| | | | 名称 | 面积（亩） | 单产（千克/亩） | | 名称 | 面积（亩） | 单产（千克/亩） | | | | |
| 马铃薯 | 17 085 | 1 | 小黄皮 | 200 | 950 | 4 | 荷兰 7 号 | 8 585 | 1 690 | | | | |
| | | | | | | | 东农 303 | 6 700 | 1 537 | | | | |
| | | | | | | | 中薯 5 号 | 900 | 1 660 | | | | |
| | | | | | | | 中薯 3 号 | 700 | 1 550 | | | | |
| 甘薯 | 15 510 | 1 | 六十日 | 50 | 850 | 8 | 浙薯 13 | 5 510 | 1 638 | | | | |
| | | | | | | | 心香 | 1 700 | 1 250 | | | | |
| | | | | | | | 浙薯 6 025 | 800 | 1 550 | | | | |
| | | | | | | | 徐薯 18 | 2 100 | 1 510 | | | | |
| | | | | | | | 胜利百号 | 2 400 | 1 480 | | | | |
| 蚕豆 | 1 635 | | | | | 4 | 大白蚕 | 435 | 168 | | | | |
| | | | | | | | 慈溪大粒 | 300 | 168 | | | | |
| | | | | | | | 青皮蚕豆 | 500 | 160 | | | | |
| | | | | | | | 白花大粒 | 400 | 165 | | | | |
| 豌豆 | 1 200 | | | | | 3 | 食荚豌豆 | 400 | 140 | | | | |
| | | | | | | | 中豌 4 号 | 600 | 148 | | | | |
| | | | | | | | 青豆 | 200 | 143 | | | | |

三、全县种植的油料、蔬菜、果树、茶、桑、棉麻等主要经济作物情况

| 作物种类 | 种植面积（亩） | 种植品种数目 |||| 种植品种数目 |||| 具有保健、药用、工艺品、宗教等特殊用途品种 |||
| | | 地方或野生品种 |||| 培育品种 |||| | | |
| | | 数目 | 名称 | 面积（亩） | 单产（千克/亩） | 数目 | 名称 | 面积（亩） | 单产（千克/亩） | 名称 | 用途 | 单产（千克/亩） |
| 花生 | 2 958 | | | | | 3 | 小京生 | 620 | 176 | | | |
| | | | | | | | 紫皮花生 | 1 138 | 179 | | | |
| | | | | | | | 本地大麦种 | 1 200 | 176 | | | |
| 油菜 | 40 772 | | | | | 4 | 浙双 72 | 1 200 | 110 | | | |
| | | | | | | | 浙油 50 | 36 000 | 125 | | | |
| | | | | | | | 浙大 619 | 1 100 | 115 | | | |
| | | | | | | | 浙油 18 | 2 472 | 115 | | | |
| 芝麻 | 743 | | | | | 1 | 亮芝 2 号 | 743 | 98 | | | |
| 绿肥 | 28 479 | | | | | 3 | 奉化大桥种 | 14 790 | 2 300 | | | |
| | | | | | | | 平湖大叶种 | 8 689 | 1 900 | | | |
| | | | | | | | 本地满地红 | 5 000 | 1 750 | | | |
| 不结球白菜 | 52 980 | | | | | 12 | 四月慢 | 15 000 | 1 913 | | | |
| | | | | | | | 矮抗青 | 17 900 | 2 000 | | | |
| | | | | | | | 长梗白菜 | 620 | 2 100 | | | |
| | | | | | | | 油冬菜 | 760 | 2 000 | | | |
| | | | | | | | 意大利生菜 | 8 700 | 1 750 | | | |

三、全县种植的油料、蔬菜、果树、茶、桑、棉麻等主要经济作物情况

| 作物种类 | 种植面积（亩） | 种植品种数目 | | | | | | | | | 具有保健、药用、工艺品、宗教等特殊用途品种 | | |
|---|---|---|---|---|---|---|---|---|---|---|---|---|---|
| | | 地方或野生品种 | | | | 培育品种 | | | | | 名称 | 用途 | 单产（千克/亩） |
| | | 数目 | 代表性品种 | | | 数目 | 代表性品种 | | | | | | |
| | | | 名称 | 面积（亩） | 单产（千克/亩） | | 名称 | 面积（亩） | 单产（千克/亩） | | | | |
| 大白菜 | 6 200 | | | | | 3 | 丰抗 80 | 2 000 | 3 000 | | | | |
| | | | | | | | 早熟 5 号 | 3 000 | 2 500 | | | | |
| | | | | | | | 黄芽菜 | 1 200 | 2 000 | | | | |
| 萝卜 | 32 810 | | | | | 7 | 南畔州 | 22 000 | 3 000 | | | | |
| | | | | | | | 短叶 13 | 1 650 | 1 500 | | | | |
| | | | | | | | 白玉春 | 1 000 | 2 500 | | | | |
| | | | | | | | 园白萝卜 | 1 000 | 1 500 | | | | |
| | | | | | | | 浙大长萝卜 | 1 500 | 3 000 | | | | |
| 普通菜豆 | 1 700 | | | | | 2 | 红花四季豆 | 1 100 | 1 200 | | | | |
| | | | | | | | 绿龙四季豆 | 600 | 1 000 | | | | |
| 西瓜 | 13 256 | | | | | 11 | 87-14 | 5 950 | 3 000 | | | | |
| | | | | | | | 84-24 | 1 440 | 2 500 | | | | |
| | | | | | | | 西农 8 号 | 2 800 | 3 500 | | | | |
| | | | | | | | 美抗 9 号 | 320 | 3 500 | | | | |
| | | | | | | | 浙蜜 1 号 | 300 | 3 000 | | | | |
| 甘蔗 | 296 | | | | | 2 | 紫皮甘蔗 | 176 | 2 973 | | | | |
| | | | | | | | 青皮甘蔗 | 120 | 2 920 | | | | |

续表

## 三、全县种植的油料、蔬菜、果树、茶、桑、棉麻等主要经济作物情况

| 作物种类 | 种植面积（亩） | 种植品种数目 | | | | | | | | 具有保健、药用、工艺品、宗教等特殊用途品种 | | |
| --- | --- | --- | --- | --- | --- | --- | --- | --- | --- | --- | --- | --- |
| | | 地方或野生品种 | | | | 培育品种 | | | | | | |
| | | 数目 | 代表性品种 | | | 数目 | 代表性品种 | | | 名称 | 用途 | 单产（千克/亩） |
| | | | 名称 | 面积（亩） | 单产（千克/亩） | | 名称 | 面积（亩） | 单产（千克/亩） | | | |
| 梨 | 6 880 | | | | | 2 | 台湾蜜梨 | 2 680 | 1 750 | | | |
| | | | | | | | 黄花梨 | 4 200 | 1 900 | | | |
| 桃 | 10 900 | | | | | 2 | 新川甘岛 | 8 300 | 1 800 | | | |
| | | | | | | | 江山早生 | 2 600 | 1 200 | | | |
| 柑橘 | 7 908 | | | | | 2 | 温州蜜柑 | 5 600 | 2 800 | | | |
| | | | | | | | 椪柑 | 2 308 | 3 000 | | | |
| 杨梅 | 116 197 | | | | | 3 | 东魁 | 105 397 | 900 | | | |
| | | | | | | | 荸荠种 | 10 600 | 1 000 | | | |
| | | | | | | | 黑碳梅 | 200 | 900 | | | |
| 柿 | 2 762 | | | | | 2 | 王环柿 | 1 762 | 3 000 | | | |
| | | | | | | | 本地柿 | 1 000 | 1 250 | | | |
| 板栗 | 4 900 | | | | | 2 | 毛板红 | 1 600 | 350 | | | |
| | | | | | | | 魁栗 | 3 300 | 460 | | | |
| 枇杷 | 5 280 | | | | | 2 | 白沙 | 2 080 | 1 100 | | | |
| | | | | | | | 大红袍 | 3 200 | 1 600 | | | |

# 一年生作物数据汇总表

| 样品编号 | 日期 | 采集地点 | 物种拉丁名 | 作物名称 | 俗名 | 品种类别 | 品种来源 | 种植总年数 | 海拔（米） | 经度（°） | 纬度（°） | 种植原因 | 特殊用途具体表现 | 特殊用途具体利用方式与途径 |
|---|---|---|---|---|---|---|---|---|---|---|---|---|---|---|
| 2018334255 | 6/5/2018 | 仙居县官路镇谷坦村扛轿田自然村 | Colocasia esculenta (L.) Schott | 芋 | 柴家子芋 | 地方品种 | 前人留下 | 50 | 690 | 120.604 | 28.869 | 自家食用 | 煮食、炒菜 | 煮好后剥皮加葱，或直接去皮，切后炒菜 |
| 2018334256 | 6/5/2018 | 仙居县官路镇谷坦村扛轿田自然村 | Zingiber officinale Rosc. | 生姜 | 小莲生姜 | 地方品种 | 前人留下 | 100 | 690 | 120.604 | 28.869 | 自家食用 | 淋雨后喝姜汤 | 炒菜配料、驱寒祛湿 |
| 2018334265 | 6/5/2018 | 仙居县官路镇谷坦村石头坦自然村 | Camellia oleifera Abel. | 油茶 | 红花油茶 | 地方品种 | 从别人家移栽 | 50 | 723 | 120.600 | 28.857 | 自家食用 | | 果子榨油 |
| 2018334266 | 6/5/2018 | 仙居县官路镇谷坦村石头坦自然村 | Camellia oleifera Abel. | 油茶 | 白花油茶 | 地方品种 | 前人留下 | 100 | 723 | 120.600 | 28.857 | 自家食用 | | 果子榨油 |
| 2018334267 | 6/5/2018 | 仙居县官路镇谷坦村石头坦自然村 | Ipomoea batatas (L.) Lam. | 番薯 | 蜜糖番薯 | 地方品种 | 前人留下 | 70 | 723 | 120.600 | 28.857 | 自家食用 | | 做番薯条/片 |
| 2018334268 | 6/5/2018 | 仙居县官路镇谷坦村石头坦自然村 | Oryza sativa L. var. Glutinosa Matsum | 糯稻 | 三粒寸糯稻 | 地方品种 | 换种 | 30 | 723 | 120.600 | 28.857 | 自家食用 | | 做麻糍，包粽子，酿酒 |
| 2018334269 | 6/5/2018 | 仙居县官路镇谷坦村石头坦自然村 | Allium chinense G. Don | 薤头 | 仙居薤柱 | 地方品种 | 前人留下 | 100 | 723 | 120.600 | 28.857 | 自家食用 | 腌制薤头 | 腌制，放盐、糖、酱油，半个月后可以吃 |
| 2018334270 | 6/5/2018 | 仙居县官路镇谷坦村石头坦自然村 | Allium fistulosum L. | 葱 | 仙居大葱 | 地方品种 | 换种 | 20 | 723 | 120.600 | 28.857 | 自家食用 | | 嫩的时候吃叶，老的时候吃葱头，炒菜、煮面、做海鲜时放 |
| 2018334271 | 6/5/2018 | 仙居县官路镇谷坦村石头坦自然村 | Hemerocallis citrina Baroni | 黄花菜 | 本地金针 | 地方品种 | 前人留下 | 70 | 723 | 120.600 | 28.857 | 自家食用 | | 用作鸡煲、仙居浇头面的佐料 |
| 2018334272 | 6/5/2018 | 仙居县官路镇谷坦村石头坦自然村 | Colocasia esculenta (L.) Schott | 芋 | 生姜芋 | 地方品种 | 换种 | 30 | 723 | 120.600 | 28.857 | 自家食用 | | 烧面、煮食、蒸食 |
| 2018334273 | 6/5/2018 | 仙居县官路镇谷坦村石头坦自然村 | Lagenaria siceraria (Molina) Standl. var. depressa (Ser.) Hara | 瓠瓜 | 葫芦瓜 | 地方品种 | 前人留下 | 100 | 723 | 120.600 | 28.857 | 自家食用 | | 做水瓢，放汤，炒菜 |
| 2018334274 | 6/5/2018 | 仙居县官路镇谷坦村石头坦自然村 | Solanum tuberosum L. | 马铃薯 | 蘑菇洋芋 | 地方品种 | 换种 | 30 | 723 | 120.600 | 28.857 | 自家食用 | | 煮食、炒菜 |
| 2018334275 | 6/5/2018 | 仙居县官路镇谷坦村石头坦自然村 | Luffa cylindrica (L.) Roem. | 丝瓜 | 长天萝 | 地方品种 | 前人留下 | 40 | 723 | 120.600 | 28.857 | 自家食用 | | 炒菜、放汤 |

| 品质 | 抗病 | 抗虫 | 抗寒 | 单产（千克/亩） | 其他特点 | 利用部位 | 株高（厘米） | 穗长（厘米） | 籽粒大小 | 播种期 | 收获期 | 栽培管理要求 | 留种保存方法 |
|---|---|---|---|---|---|---|---|---|---|---|---|---|---|
| 母芋肉质粉，子芋口感糯，风味俱佳 | 强 | 强 | 好 | 1 500 | 中晚熟，产量高，子芋长椭圆形，鸡蛋大小 | 块茎 | 100 | | 中 | 2月 | 立冬 | 施草木灰、鸡粪，浇水不多 | 山洞 |
| 辛香味特别浓郁 | 一般 | 强 | 好 | 高 | 节块多，老姜不烂，越生越多 | 块茎 | 60～80 | | 小 | 立夏前后 | 霜降 | 草木灰，鸡粪等农家肥，不能积水 | 窖藏，耐贮性好，易存放 |
| 红花，果子大，球形，果皮紫红色，切开后果肉立即变黑，种子可榨油、花可观赏 | 强 | 强 | 好 | 高 | | 果实 | 350 | | 大 | | 霜降 | | |
| 白花，果子小，球形，果皮褐色，主要榨油 | 强 | 虫较多 | 一般 | 一般 | 成熟时果子也有很大的 | 果实 | 360 | | 小 | | 霜降 | | |
| 红皮黄肉，窖藏不易发芽，贮藏性优于其他品种，适宜鲜食 | 强 | 强 | 中 | 2 500 | 藤蔓短，约160厘米，宜密植，中熟，产量高 | 块根 | | | 大 | 5月下旬至6月上旬 | 霜降 | 施农家肥，刚抽芽时施，以后不施 | 地窖 |
| 籼糯，谷粒细长，品质优 | 抗稻瘟病强 | 强 | 好 | 400 | 分蘖力强，耐肥抗倒 | 种子 | 100 | 23 | 中 | 谷雨后立夏前 | 国庆节前 | 紫云英做绿肥，翻耕入土 | 晒干后罐藏 |
| 生吃有辣味，个小更好吃 | 强 | 强 | 中 | | 一粒种下，可分蘖15～20个 | 鳞茎 | 50 | | 中 | 8—9月 | 翌年6月 | 喜硫、不耐氮，一般基肥施充分腐熟堆肥或厩肥 | 山上都有，可以取种，不留种 |
| 植株高大，茎叶粗，鳞茎大，外皮紫红色，肉白色。茂盛，抗性强 | 强 | 强 | 好 | 高 | 种1株能分蘖出20多株 | 叶、鳞茎 | 60 | | | 8—9月 | 翌年6月 | 施农家肥 | 采葱头晒干、风干，常规贮藏 |
| 花细长，黄色，一秆子十几朵花，营养丰富，味道好 | 强 | 一般，有蚜虫 | 好 | | 种植后可以连续采收多年 | 花（蒸熟晒干，密封贮藏） | 120 | | 中 | 清明 | 6月开花，花期1个月以上 | 施农家肥 | |
| 子芋、母芋均可食用，质粉含水分少，品质优 | 强 | 强 | 好 | 高 | 每个子芋都长叶，分枝多，子芋小 | 块茎 | 120 | | 小 | 清明前 | 霜降前 | 施农家肥 | 沙埋，否则会冻掉 |
| 葫芦形，鲜甜，无苦味 | 强 | 强 | 强 | 土肥，结10多个瓜；土瘠，结4～5个瓜 | 籽粒多，老了可做水瓢 | 瓜 | | | 中 | 清明前后 | 6月 | 谷壳、农家肥 | 晒干，晾挂房顶上 |
| 外观像蘑菇，黄皮黄肉，有点粉，不糯 | 强 | 强 | 好 | 1 500 | | 块茎 | 80 | | 小 | 2月上旬 | 5月上中旬 | 农家肥 | 放家里，不装袋里，冬天盖稻草 |
| 长条形，70～80厘米，外观有条纹，籽粒多，肉质普通，易煮软 | 强 | 强 | 中 | 中等 | 天气凉的时候最好吃 | 瓜 | | | 大 | 清明前 | 5—9月 | 施农家肥 | 老了之后挂起来种，放竹筒里 |

| 样品编号 | 日期 | 采集地点 | 物种拉丁名 | 作物名称 | 俗名 | 品种类别 | 品种来源 | 种植总年数 | 海拔（米） | 经度（°） | 纬度（°） | 种植原因 | 特殊用途具体表现 | 特殊用途具体利用方式与途径 |
|---|---|---|---|---|---|---|---|---|---|---|---|---|---|---|
| 2018334276 | 6/5/2018 | 仙居县官路镇谷坦村石头坦自然村 | *Cucurbita moschata* (Duch. ex Lam.) Duch. ex Poiret | 南瓜 | 金瓜 | 地方品种 | 换种 | 30 | 723 | 120.600 | 28.857 | 自家食用 | 饲料用 | 以前喂猪，炒南瓜籽 |
| 2018334283 | 6/5/2018 | 仙居县官路镇谷坦村轿田自然村 | *Lablab purpureus* (Linn.) Sweet | 扁豆 | 白扁豆 | 地方品种 | 前人留下 | 50 | 701 | 120.604 | 28.869 | 自家食用 | 治肺病 | 剥壳后煮豆汤 |
| 2018334284 | 6/5/2018 | 仙居县官路镇谷坦村扛轿田自然村 | *Ipomoea batatas* (L.) Lam. | 番薯 | 西瓜番薯 | 地方品种 | 前人留下 | 100 | 701 | 120.604 | 28.869 | 自家食用 | 磨粉，茎叶可当蔬菜 | 磨粉做番薯面，茎叶炒菜有补血功效 |
| 2018334285 | 6/5/2018 | 仙居县官路镇谷坦村扛轿田自然村 | *Ipomoea batatas* (L.) Lam. | 番薯 | 香番薯 | 地方品种 | 前人留下 | 100 | 701 | 120.604 | 28.869 | 自家食用 | 磨粉，煮食 | 磨粉做番薯面 |
| 2018334286 | 6/5/2018 | 仙居县官路镇谷坦村扛轿田自然村 | *Ipomoea batatas* (L.) Lam. | 番薯 | 栗番薯（白皮） | 地方品种 | 前人留下 | 70 | 701 | 120.604 | 28.869 | 自家食用 | 磨粉 | 适宜提取淀粉 |
| 2018334287 | 6/5/2018 | 仙居县官路镇谷坦村扛轿田自然村 | *Ipomoea batatas* (L.) Lam. | 番薯 | 栗番薯（粉皮） | 地方品种 | 前人留下 | 70 | 701 | 120.604 | 28.869 | 自家食用 | 磨粉 | 适宜提取淀粉 |
| 2018334288 | 6/5/2018 | 仙居县官路镇谷坦村扛轿田自然村 | *Ipomoea batatas* (L.) Lam. | 番薯 | 红皮白心、六十日 | 地方品种 | 前人留下 | 100 | 701 | 120.604 | 28.869 | 自家食用 | 鲜食，生食，果脯 | 做番薯条、片 |
| 2018334289 | 6/5/2018 | 仙居县官路镇谷坦村扛轿田自然村 | *Ipomoea batatas* (L.) Lam. | 番薯 | 三角番薯 | 地方品种 | 前人留下 | 100 | 701 | 120.604 | 28.869 | 自家食用 | 鲜食、果脯 | 做番薯条、片 |
| 2018334296 | 6/6/2018 | 仙居县安岭乡雅楼村 | *Solanum tuberosum* L. | 马铃薯 | 红皮洋芋 | 地方品种 | 前人留下 | 50 | 537 | 120.343 | 28.524 | 自家食用 | | 煮食、炒菜 |
| 2018334297 | 6/6/2018 | 仙居县安岭乡雅楼村 | *Glycine max* (Linn.) Merr. | 大豆 | 本地黄豆 | 地方品种 | 前人留下 | 50 | 537 | 120.343 | 28.524 | 自家食用 | 不鲜食，晒干后吃 | 做豆腐，炒梅干菜，发豆芽，炖猪蹄 |
| 2018334298 | 6/6/2018 | 仙居县安岭乡雅楼村 | *Oryza sativa* Linn. subsp. *japonica* Kato | 粳稻 | 台北稻 | 引进品种 | 前人留下 | 40 | 537 | 120.343 | 28.524 | 自家食用 | | 煮饭、年糕、米馒头 |
| 2018334299 | 6/6/2018 | 仙居县安岭乡雅楼村 | *Allium sativum* L. | 蒜 | 仙居大蒜 | 地方品种 | 前人留下 | 20 | 537 | 120.343 | 28.524 | 自家食用 | | 做香料 |
| 2018334300 | 6/6/2018 | 仙居县安岭乡雅楼村 | *Zea mays* L. | 玉米 | 百廿日玉米（白籽） | 地方品种 | 前人留下 | 100 | 537 | 120.343 | 28.524 | 自家食用 | | 玉米糊，玉米条，玉米饼 |
| 2018334301 | 6/6/2018 | 仙居县安岭乡雅楼村 | *Benincasa hispida* (Thunb.) Cogn. | 冬瓜 | 白皮冬瓜 | 地方品种 | 前人留下 | 60 | 537 | 120.343 | 28.524 | 自家食用 | | 做菜、放汤 |

| 品质 | 抗病 | 抗虫 | 抗寒 | 单产（千克/亩） | 其他特点 | 利用部位 | 株高（厘米） | 穗长（厘米） | 籽粒大小 | 播种期 | 收获期 | 栽培管理要求 | 留种保存方法 |
|---|---|---|---|---|---|---|---|---|---|---|---|---|---|
| 瓜很大，金黄时采，煮了肉质软烂，有点甜，但品质不好 | 强 | 强 | 中 | 高 | | 瓜、籽 | | | 大 | 清明前 | 7—10月 | 施农家肥 | 取籽自然晾干保存 |
| 嫩时吃豆荚，老时吃豆，煮熟后软，可口，营养丰富 | 较强 | 较强 | 好 | 高 | 蔓长5～8米，3～5颗种子/荚，采收期至少一个月 | 豆荚、豆 | | | 中 | 谷雨 | 8月 | 农家肥（苗期），鸡粪（开花前） | 晒干后放尼龙袋贮藏 |
| 红皮黄肉，香甜可口，粉、香，到春节口感仍粉 | 较强 | 较强 | 好 | 中等 | 藤长，3～5个番薯/株 | 块根 | | | 大 | 芒种前后 | 霜降 | 施农家肥，刚抽芽时施，以后不施 | 地窖 |
| 皮红肉黄白，煮起来香、粉 | 较强 | 较强 | 好 | 高 | 藤长，株产1.5～2千克 | 块根 | | | 大 | 芒种前后 | 霜降 | 施农家肥，刚抽芽时施，以后不施 | 地窖 |
| 白皮白肉，质粉，淀粉含量最高 | 较强 | 较强 | 好 | 中等 | 藤长，株产1～1.5千克 | 块根 | | | 大 | 芒种前后 | 霜降 | 施农家肥，刚抽芽时施，以后不施 | 地窖 |
| 红皮黄肉，质粉，淀粉含量高 | 较强 | 较强 | 好 | 中等 | 藤长，株产1～1.5千克 | 块根 | | | 大 | 芒种前后 | 霜降 | 施农家肥，刚抽芽时施，以后不施 | 地窖 |
| 红皮白心，皮鲜红，肉脆，淀粉含量低，可生吃（水果番薯） | 较强 | 较强 | 中 | 高 | 成熟期短，藤细长，达3～4米 | 块根 | | | 中 | 芒种前后 | 霜降 | 施农家肥，刚抽芽时施，以后不施 | 地窖 |
| 红皮黄肉，淀粉含量不高，煮熟后糯软，口感佳，适宜制作果脯 | 强 | 强 | 好 | 高 | 藤短，只有70～80厘米，叶片三角形，产量最高 | 块根 | | | 大 | 芒种前后 | 霜降 | 施农家肥，刚抽芽时施，以后不施 | 地窖 |
| 早熟（比一般土豆早），红皮黄肉，煮后红色褪去，口感好 | 强 | 强 | 中 | 1 250 | 长椭圆形，皮微红色，肉浅黄色 | 块茎 | 70 | | 大 | 3月中旬 | 5月上中旬 | 以前施猪粪，现施复合肥，先施底肥再种 | 摊在木楼板上 |
| 颗粒饱满，籽粒大，质感粉 | 强 | 较强，有青虫 | | 125 | 叶片大，3～5颗种子/荚 | 种子 | 60 | | 大 | 芒种前后 | 10月 | 等长出4～5张叶片后，再施肥，施草木灰 | 晒干放在缸里，盖上盖子 |
| 煮饭松软，有香味，特别适宜做米馒头和炒咸酸饭 | 一般 | 一般 | | 450 | 穗粒不紧凑 | 种子 | 100 | | 小 | 5月中旬育秧 | 国庆节 | 移栽前1～2天施底肥，追肥1～2次 | 仓藏 |
| 白皮白肉，瓣粒小，每颗10个左右瓣粒，生吃入口即有辣感，品质优 | 强 | 强 | 好 | | 一瓣可以长成一株，结一果 | 鳞茎 | 60 | | 小 | 9月底10月初 | 端午 | 底肥施农家肥＋复合肥 | 挂房梁上 |
| 白（米黄）粒粒，糯，口感好 | 强 | 强 | 好 | 225 | 1棵一个穗，约500克/穗（鲜） | 种子 | 250 | 23 | 中 | 小满前后 | 霜降 | 追肥，施2～3次 | 缸藏或悬挂起来 |
| 口感有点粉，种子多，成熟内空，品质一般 | 强 | 强 | 好 | 中等 | 长60厘米，直径30厘米，白皮有白绒毛，蜡质 | 瓜 | | | 中 | 清明前后 | 8—11月 | 施肥1～2次，追肥用复合肥 | 取出瓜心挂屋顶晾干 |

| 样品编号 | 日期 | 采集地点 | 物种拉丁名 | 作物名称 | 俗名 | 品种类别 | 品种来源 | 种植总年数 | 海拔（米） | 经度（°） | 纬度（°） | 种植原因 | 特殊用途具体表现 | 特殊用途具体利用方式与途径 |
|---|---|---|---|---|---|---|---|---|---|---|---|---|---|---|
| 2018334302 | 6/6/2018 | 仙居县朱溪镇朱家岸村 | *Sechium edule* (Jacq.) Swartz | 佛手瓜 | 刺瓜、千斤瓜 | 地方品种 | 前人留下 | 40 | 208 | 120.876 | 28.707 | 自家食用 | 饲料用 | 削皮炒菜，比萝卜好吃 |
| 2018334304 | 6/6/2018 | 仙居县安岭乡雅楼村 | *Hemerocallis citrina* Baroni | 黄花菜 | 金针 | 地方品种 | 前人留下 | 40 | 539 | 120.334 | 28.532 | 自家食用 | 观赏 | 摘未开的花蒸熟晒干，可煲汤、煨肉 |
| 2018334305 | 6/6/2018 | 仙居县安岭乡雅楼村 | *Hemerocallis citrina* Baroni | 黄花菜 | 野生金针 | 野生品种 | 前人留下 | | 539 | 120333686 | 28.532 | 自家食用 | 观赏 | 摘未开的花蒸熟晒干，可煲汤、煨肉 |
| 2018334306 | 6/6/2018 | 仙居县横溪镇下徐村 | *Oryza sativa* L. var. Glutinosa Matsum | 糯稻 | 白壳糯 | 地方品种 | 前人留下 | 50 | 136 | 120.478 | 28.769 | 自家食用 | | 做麻糍，包粽子，做汤圆，烧糯米饭，酿酒 |
| 2018334307 | 6/6/2018 | 仙居县漱山乡雅溪村 | *Triticum aestivum* L. | 小麦 | 九〇八 | 引进品种 | 换种 | 40 | 250 | 120.333 | 28.697 | 自家食用 | 秸秆做佛事 | 做面条和馒头 |
| 2018334308 | 6/6/2018 | 仙居县南峰街道下垟底村溪头自然村 | *Oryza sativa* L. var. Glutinosa Matsum | 糯稻 | 红壳糯 | 地方品种 | 换种 | 30 | 54 | 120.727 | 28.835 | 自家食用 | | 做麻糍，包粽子 |
| 2018334309 | 6/6/2018 | 仙居县南峰街道下垟底村溪头自然村 | *Oryza sativa* Linn. subsp. japonica Kato | 粳稻 | 晚粳 | 引进品种 | 前人留下 | 50 | 54 | 120.727 | 28.835 | 自家食用 | | 做年糕很光滑，做饭 |
| 2018334312 | 6/7/2018 | 仙居县朱溪镇朱家岸村 | *Solanum tuberosum* L. | 马铃薯 | 猪腰洋芋 | 地方品种 | 换种 | 30 | 208 | 120.876 | 28.707 | 自家食用 | | 煮食、做菜 |
| 2018334313 | 6/7/2018 | 仙居县朱溪镇朱家岸村 | *Solanum tuberosum* L. | 马铃薯 | 小黄皮 | 地方品种 | 换种 | 50 | 208 | 120.876 | 28.707 | 自家食用 | 做菜、煮食 | 切片、切丝，煮梅干菜，椒盐洋芋 |
| 2018334314 | 6/7/2018 | 仙居县朱溪镇朱家岸村 | *Solanum tuberosum* L. | 马铃薯 | 梁山洋芋 | 地方品种 | 换种 | 30 | 208 | 120.878 | 28.707 | 自家食用 | 做菜、煮食 | 炒薯片、切丝炒粉面都很好吃 |
| 2018334315 | 6/7/2018 | 仙居县上张乡奶吾坑村 | *Zea mays* L. | 玉米 | 百廿日玉米（黄籽） | 地方品种 | 前人留下 | 100 | 491.8 | 120.811 | 28.650 | 自家食用 | | 磨粉，做玉米饼 |
| 2018334316 | 6/7/2018 | 仙居县上张乡奶吾坑村 | *Setaria italica* L. | 粟 | 粟米 | 地方品种 | 前人留下 | 100 | 491.8 | 120.811 | 28.650 | 自家食用 | | 包粽子，煮小米饭，做年糕、麻糍，酿酒 |
| 2018334317 | 6/7/2018 | 仙居县广度乡寺家坑村 | *Zea mays* L. | 玉米 | 百廿日玉米（黄籽） | 地方品种 | 换种 | 100 | 725 | 120.732 | 28.982 | 自家食用 | | 磨粉，烧玉米糊，做玉米饼 |
| 2018334318 | 6/7/2018 | 仙居县朱溪镇朱家岸村 | *Vigna unguiculata* (Linn.) Walp | 豇豆 | 八月更（白皮） | 地方品种 | 前人留下 | 20 | 208 | 120.876 | 28.707 | 自家食用 | | 炒菜，煮面条时放 |

续表

| 品质 | 抗病 | 抗虫 | 抗寒 | 单产（千克/亩） | 其他特点 | 利用部位 | 株高（厘米） | 穗长（厘米） | 籽粒大小 | 播种期 | 收获期 | 栽培管理要求 | 留种保存方法 |
|---|---|---|---|---|---|---|---|---|---|---|---|---|---|
| 皮白色，老时果皮有刺，有明显棱沟，炒片口感脆 | 强 | 强 | 差 | 高 | 一棵几百斤，怕涝，营养繁殖 | 瓜 | | | 大 | 清明 | 霜降前后 | 开始时不要施太多肥，快开花时多施肥，少量多次，结果后肥料多些没关系 | 地窖 |
| 花金黄色，花药黄色，花瓣长，花柄长，植株大，叶长、宽，有6个花瓣，6个雄蕊 | 强 | 强 | 好 | 中等 | 种植后可以连续采收多年 | 花（蒸熟晒干，密封贮藏） | 105 | | 中 | 清明 | 5月下旬至6月上中旬开始采摘，采收期达30天以上 | 施农家肥 | |
| 花瓣短，花瓣上有突起，花瓣外橙内红，花药紫色，品质不如本地黄金针 | 强 | 强 | 好 | 中等 | 种植后可以连续采收多年 | 花（蒸熟晒干，密封贮藏） | 65 | | 大 | 清明 | 6月开花，花期1个月，比黄金针短 | 施农家肥 | |
| 糯性好，品质优 | 一般 | 一般 | 中 | 300 | 产量不高，抗倒性差，可以种两季，省肥 | 种子 | 100 | 18 | 中 | 单季5月20日，双季6月20日 | 单季10月中旬，双季10月下旬至11月上旬 | 施足底肥，较省肥，N肥少施，K、P肥正常施 | 谷仓 |
| 品质优，是仙居人公认的优质小麦品种，喜欢用来制作面条和馒头，尤其是制作"索面"的最佳原材料 | 强 | 一般 | 好 | 200 | 植株偏矮，早熟 | 种子 | 60～100 | 8 | 中 | 11月中旬 | 5月中下旬 | 适期播种，施足底肥，重施拔节肥，防好赤霉病 | 热入仓密闭贮藏 |
| 糯性强、软、细腻，口感好 | 差 | 差，不抗稻飞虱 | 好 | 400 | 高秆，易倒伏；壳偏黄褐色，籽粒饱满，千粒重高 | 种子 | 110～125 | 20 | 大 | 5月中下旬 | 10月中旬 | 基肥施足，追肥1次，在移栽一周后施 | 常规贮藏 |
| 好吃，有嚼劲 | 较强 | 较强 | 好 | 400 | 籽粒圆形 | 种子 | 100 | 20 | 大 | 5月中下旬 | 10月上旬 | 基肥、追肥各1次 | 常规贮藏 |
| 长条形，形状像猪腰，肉质糯、细腻 | 强 | 强 | 中 | 1 000 | 叶子小，产量一般 | 块茎 | 50 | | 大 | 2月上旬 | 5月中旬 | 基肥（复合肥、猪粪），起垄时施尿素 | 放阴凉处，地上 |
| 个子小，黄肉，品质糯且细腻，食味佳 | 强 | 强 | 中 | 750 | 茎秆细，叶子小，产量较低 | 块茎 | 45 | | 小 | 2月上旬 | 5月中旬 | 基肥（猪粪、复合肥），起垄时施尿素 | 摊在木楼板上 |
| 个子大，黄肉、粉，品质好 | 强 | 强 | 好 | 1 250 | 产量较高 | 块茎 | 70 | | 大 | 2月上旬 | 5月上旬 | 基肥（复合肥、猪粪），起垄时施尿素 | 放阴凉处，地上 |
| 籽粒黄、香、糯，品质好 | 强 | 强 | 好 | 200 | 植株高，穗位高，迟熟 | 种子 | 250 | 25 | 大 | 小满前后 | 霜降 | 足施基肥，重施攻蒲肥 | 常规贮藏 |
| 籽粒黄、糯，品质优 | 强 | 强 | 中 | | 产量水平中等 | 种子 | 100 | 30 | 小 | 小满前后 | 霜降 | 足施基肥，施农家肥或复合肥 | 穗子挂房梁 |
| 籽粒黄，粉质糯，品质好 | 强 | 强 | 好 | 200 | 植株高，穗位高，迟熟 | 种子 | 250 | 24 | 中 | 小满前后 | 霜降 | 足施基肥，重施攻蒲肥 | 常规贮藏 |
| 吃嫩荚，种子黑色，荚白皮，口感脆 | 强 | 强 | 差 | 中等 | 中熟，蔓长185厘米 | 豆荚 | 35 | | 中 | 6月初 | 9月中旬 | 行距50～60厘米，株距25～40厘米 | 豆荚晒干，放尼龙袋 |

| 样品编号 | 日期 | 采集地点 | 物种拉丁名 | 作物名称 | 俗名 | 品种类别 | 品种来源 | 种植总年数 | 海拔（米） | 经度（°） | 纬度（°） | 种植原因 | 特殊用途具体表现 | 特殊用途具体利用方式与途径 |
|---|---|---|---|---|---|---|---|---|---|---|---|---|---|---|
| 2018334319 | 6/7/2018 | 仙居县朱溪镇朱家岸村 | *Vigna unguiculata* (Linn.) Walp | 豇豆 | 八月更（花皮） | 地方品种 | 前人留下 | 25 | 208 | 120.876 | 28.707 | 自家食用 | | 炒菜，煮面条时放 |
| 2018334320 | 6/7/2018 | 仙居朱溪镇朱家岸村 | *Vigna unguiculata* (Linn.) Walp. | 豇豆 | 八月更（红皮） | 地方品种 | 前人留下 | 20 | 208 | 120.876 | 28.707 | 自家食用 | | 炒菜，煮面条时放（汤变紫色） |
| 2018334321 | 6/7/2018 | 仙居县朱溪镇朱家岸村 | *Vigna angularis* (Willd.) Ohwi et Ohashi | 小豆 | 米赤（绿） | 地方品种 | 换种 | 20 | 208 | 120.876 | 28.707 | 自家食用 | | 包粽子做馅料 |
| 2018334322 | 6/7/2018 | 仙居县朱溪镇朱家岸村 | *Vigna angularis* (Willd.) Ohwi et Ohashi | 小豆 | 米赤（红） | 地方品种 | 换种 | 20 | 208 | 120.876 | 28.707 | 自家食用 | | 包粽子做馅料 |
| 2018334323 | 6/7/2018 | 仙居县朱溪镇朱家岸村 | *Vigna angularis* (Willd.) Ohwi et Ohashi | 小豆 | 赤豆 | 地方品种 | 换种 | 20 | 208 | 120.876 | 28.707 | 自家食用 | | 包粽子做馅料，煮粥，红豆汤（夏天） |
| 2018334324 | 6/7/2018 | 仙居县朱溪镇朱家岸村 | *Colocasia esculenta* (L.) Schott | 芋 | 独自人芋 | 地方品种 | 前人留下 | 50 | 208 | 120.876 | 28.707 | 自家食用 | | 做菜，烧面 |
| 2018334325 | 6/7/2018 | 仙居县朱溪镇朱家岸村 | *Dioscorea opposita* Thunb. | 薯蓣 | 铁薯 | 地方品种 | 前人留下 | 50 | 208 | 120.876 | 28.707 | 自家食用 | | 炒菜，宜煮食或炖汤 |
| 2018334327 | 6/7/2018 | 仙居县埠头镇小屋基村 | *Phaseolus vulgaris* Linn. | 菜豆 | 矮脚金豆 | 地方品种 | 前人留下 | 100 | 800 | 120.558 | 28.849 | 自家食用 | | 嫩时炒菜，老时豆粒可做甜品 |
| 2018334328 | 6/7/2018 | 仙居县埠头镇小屋基村 | *Brassica juncea* (Linnaeus) Czernajew | 根用芥菜 | 大头菜 | 地方品种 | 前人留下 | 100 | 800 | 120.558 | 28.849 | 自家食用 | | 炒菜，吃球根、叶 |
| 2018334329 | 6/7/2018 | 仙居县埠头镇小屋基村 | *Sorghum bicolor* (Linn.) Moench | 高粱 | 麶 | 地方品种 | 前人留下 | 50 | 800 | 120.558 | 28.849 | 自家食用 | | 酿酒，做丸子 |
| 2018334330 | 6/7/2018 | 仙居县埠头镇小屋基村 | *Solanum tuberosum* L. | 马铃薯 | 黄洋芋 | 地方品种 | 前人留下 | 100 | 800 | 120.558 | 28.849 | 自家食用 | 做菜、煮食 | 洋芋淀粉，切洋芋丝和洋芋片 |
| 2018334333 | 6/7/2018 | 仙居县埠头镇小屋基村 | *Raphanus sativus* L. | 萝卜 | 白萝卜 | 地方品种 | 前人留下 | 100 | 800 | 120.558 | 28.849 | 自家食用 | | 炒菜，腌制，晒干 |
| 2018334334 | 6/7/2018 | 仙居县埠头镇小屋基村 | *Raphanus sativus* L. | 萝卜 | 半截红 | 地方品种 | 前人留下 | 100 | 800 | 120.558 | 28.849 | 自家食用 | | 炒菜，腌制，晒干 |
| 2018334344 | 12/5/2018 | 仙居县官路镇谷坦村石头坦自然村 | *Lilium brownii* var. *viridulum* Baker | 百合 | 百寒 | 野生品种 | 从山上挖来 | | 723 | 120.600 | 28.857 | 自家食用 | 药用，观赏 | 放锅里煮一下即熟，拌糖吃，滋阴 |

续表

| 品质 | 抗病 | 抗虫 | 抗寒 | 单产（千克/亩）| 其他特点 | 利用部位 | 株高（厘米）| 穗长（厘米）| 籽粒大小 | 播种期 | 收获期 | 栽培管理要求 | 留种保存方法 |
|---|---|---|---|---|---|---|---|---|---|---|---|---|---|
| 吃嫩荚，种子黄褐色，荚花皮，口感软 | 强 | 强 | 中 | 中等 | 中熟，蔓长210厘米 | 豆荚 | | 40 | 大 | 6月初 | 9月中旬 | 行距50～60厘米，株距25～40厘米 | 豆荚晒干，放尼龙袋 |
| 吃嫩荚，种子红褐色，荚红皮，肉质糯，比其他八月更好吃。煮面条时汤变紫色 | 强 | 强 | 差 | 中等 | 中熟，蔓长220厘米 | 豆荚 | | 40 | 大 | 6月初 | 9月中旬 | 行距50～60厘米，株距25～40厘米 | 豆荚晒干，放尼龙袋 |
| 稍粉，花黄色 | 强 | 强 | 好 | | | 种子 | | | 小 | 6月初 | 重阳节 | 施底肥 | 常规贮藏 |
| 稍粉，花黄色 | 强 | 强 | 好 | | | 种子 | | | 小 | 6月初 | 重阳节 | 施底肥 | 常规贮藏 |
| 水少点，糯；水多点，粉，好吃 | 强 | 强 | 好 | | 产量好，品质优 | 种子 | | | 大 | 6月 | 重阳节 | 施底肥 | 常规贮藏 |
| 以食母芋为主，质粉，村民喜欢用来烧咸酸饭，也可做肉夹芋菜 | 强 | 强 | 差 | 1 400 | 母芋长椭圆形，子芋柄很长 | 块茎 | 150 | | 大 | 2月下旬 | 9月底至10月初 | 底肥+追肥（6月）| 埋地下或窖藏 |
| 肉质白色，紧实，黏液多，富含淀粉，营养丰富，质细味甜，品质优 | 强 | 强 | 中 | | 块根长20多厘米，较粗 | 块根 | | | 大 | 4月中旬（清明后）| 11月下旬 | 底肥+追肥 | |
| 炒菜，味道好，不能做豆腐 | 较强 | 较强 | 中 | 高 | 一年中多个时间段可种植或收获 | 种子 | 60 | 12～14 | 中 | 3月初/清明后/7月初/立秋前种 | 6月底/7月中/10月底/立冬 | 施足底肥，合理密植 | 豆荚晒干，放尼龙袋 |
| 人、猪均可食用，不空心，没有筋，和萝卜类似，煮熟糯，肉质致密，微甘 | 强 | 强 | 好 | 2 000 | 根部果实球形，500～1 500克/个，耐贮藏 | 球根、叶 | 50 | | 小 | 立秋—霜降 | 清明前 | 底肥（复合肥、农家肥），追肥 | 凉干放尼龙袋可保存一年 |
| 磨成粉做丸子，糯软可口，酿酒更佳，品质优 | 强 | 强 | 好 | | 籽粒有点黄，秆子甜 | 种子 | 170 | 30 | 中 | 6月初 | 霜降 | 底肥、追肥（看苗施肥）| 常规贮藏 |
| 黄皮黄心，肉质粉，品质优 | 强 | 强 | 中 | 1 000 | | 块茎 | 60 | | 中 | 立春—惊蛰 | 小满—芒种 | 底肥1次（复合肥）| 放阴凉处，地上 |
| 口感有点甜、脆，肉质致密，含水分中等，品质佳，稍有辣味，宜炒食、腌制、晒干 | 强 | 强 | 好 | 1 500 | 长20厘米，单株重500克左右 | 块根 | 40 | | 中 | 立秋 | 10月中旬 | 底肥+追肥（间苗后施）| 整株带荚壳挂绳上或杆上保存 |
| 肉质细，品质优，耐贮藏，鲜食或酱制均可 | 强 | 强 | 好 | 1 700 | 种子和食用部分均比白萝卜大 | 块根 | 35 | | 大 | 立秋 | 10月中旬 | 底肥+追肥（间苗后施）| 整株带荚壳挂绳上或杆上保存 |
| 花内部先黄后白，外部紫色。花无香味，根部可食用，口感苦味，糯 | 强 | 强 | 好 | | | 鳞茎 | 100 | | 中 | 冬天、春天，天冷即可埋土里 | 霜降前后 | | 常规贮藏 |

| 样品编号 | 日期 | 采集地点 | 物种拉丁名 | 作物名称 | 俗名 | 品种类别 | 品种来源 | 种植总年数 | 海拔（米） | 经度（°） | 纬度（°） | 种植原因 | 特殊用途具体表现 | 特殊用途具体利用方式与途径 |
|---|---|---|---|---|---|---|---|---|---|---|---|---|---|---|
| 2018334346 | 12/6/2018 | 仙居县福应街道东溪村桐桥自然村 | *Lagenaria siceraria* (Molina.) Standl. var. *depressa* (Ser.)Hara | 瓠瓜 | 冬蒲 | 地方品种 | 前人留下 | 50 | 78 | 120.765 | 28.885 | 自家食用 | | 炒菜，做汤 |
| 2018334347 | 12/6/2018 | 仙居县朱溪镇朱家岸村 | *Brassica juncea* L. | 芥菜 | 黄肖 | 地方品种 | 前人留下 | 50 | 208 | 120.876 | 28.707 | 自家食用 | | 腌菜、鲜食，做食饼筒馅料，焯水后再炒 |
| 2018334348 | 12/6/2018 | 仙居县朱溪镇朱家岸村 | *Luffa cylindrica* (L.) Roem. | 丝瓜 | 八角天萝、花萝 | 地方品种 | 前人留下 | 50 | 208 | 120.876 | 28.707 | 自家食用 | | 炒菜、放汤 |
| 2018334349 | 12/6/2018 | 仙居县朱溪镇朱家岸村 | *Brassica juncea* (L.) Czern. et Coss. | 芥菜 | 皱皮芥 | 地方品种 | 前人留下 | 80 | 208 | 120.876 | 28.707 | 自家食用 | | 叶晒干后烧咸酸饭很好吃，茎和莴笋类似，可食用 |
| 2018334350 | 12/6/2018 | 仙居县埠头镇小屋基村 | *Brassica juncea* (L.) Czern. et Coss. | 芥菜 | 鸡啄肖 | 地方品种 | 前人留下 | 80 | 800 | 120.558 | 28.849 | 自家食用 | 做腌菜 | 烙麻糍、烧面时用，放入笋干很好吃，至少腌15天才可食用 |
| 2018334351 | 12/7/2018 | 仙居县安岭乡雅楼村 | *Luffa cylindrica* (L.) Roem. | 丝瓜 | 天萝 | 地方品种 | 前人留下 | 100 | 537 | 120.343 | 28.524 | 自家食用 | | 炒丝瓜，烧面条 |
| 2018334352 | 12/7/2018 | 仙居县安岭乡雅楼村 | *Zingiber officinale* Rosc. | 生姜 | 仙居生姜 | 地方品种 | 前人留下 | 100 | 537 | 120.343 | 28.524 | 自家食用 | 调味品 | 腌制生姜（去皮切块放入瓶中，加入酱油即可，腌制时间久些，更入味） |
| 2018334353 | 12/7/2018 | 仙居县安岭乡雅楼村 | *Ipomoea batatas* (L.) Lam. | 甘薯 | 香蕉番薯 | 地方品种 | 前人留下 | 20 | 537 | 120.343 | 28.524 | 自家食用 | 烤薯 | 煮食 |
| 2018334354 | 12/7/2018 | 官路镇谷坦村石头坦自然村 | *Colocasia esculenta* (L.) Schott | 芋 | 旱芋 | 地方品种 | 前人留下 | 50 | 723 | 120.600 | 28.857 | 自家食用 | | 煮食，烧咸酸饭、煮面条时配料 |
| 2018334355 | 12/7/2018 | 仙居县安岭乡雅楼村 | *Colocasia esculenta* (L.) Schott | 芋 | 红花芋 | 地方品种 | 前人留下 | 80 | 537 | 120.343 | 28.524 | 自家食用 | | 煮食，做菜，烧咸酸饭、煮面条时配料 |
| 2018334356 | 12/7/2018 | 仙居县下各镇东升村 | *Sesbania cannabina* (Retz.) Poir. | 田菁 | 田菁 | 引进品种 | 市场购买 | 45 | 10 | 120.872 | 28.873 | 饲料用 | 外来入侵植物，当绿肥 | 翻耕入土作绿肥 |

| 品质 | 抗病 | 抗虫 | 抗寒 | 单产（千克/亩） | 其他特点 | 利用部位 | 株高（厘米） | 穗长（厘米） | 籽粒大小 | 播种期 | 收获期 | 栽培管理要求 | 留种保存方法 |
|---|---|---|---|---|---|---|---|---|---|---|---|---|---|
| 中晚熟品种，品质优，烧熟后口感甜，味道好 | 强 | 强 | 好 | | 产量高，采摘时间长，可延长到冬季（霜冻前） | 瓜 | | | 大 | 清明后 | 7—8月开始收获，一直到11月 | 追肥，小量多次 | 自然留种 |
| 脆、香、味道好 | 强 | 强 | 好 | 4 000 | 叶片锯齿状，特别适宜做腌菜 | 茎、叶 | 50 | | 小 | 8月初至9月底 | 春节至3月底 | 行距50厘米，株距30厘米 | 常规贮藏 |
| 鲜嫩、软，炒熟后仍为绿色，口感佳 | 强 | 强 | 好 | | 外观有棱角，开花期晚、结果晚 | 瓜 | | | 中 | 清明 | 8月底至9月底 | 施农家肥 | 常规贮藏 |
| 4—5月可食，刚好这个季节小白菜已无，可作为换档蔬菜，采收期长 | 强 | 强 | 好 | 3 000 | 迟熟，叶片多 | 茎、叶 | 70 | | 小 | 9月育苗，10月移栽 | 12月初至翌年5月底 | 行距50厘米，株距40厘米 | 常规贮藏 |
| 口感好，松脆、有香味 | 强 | 强 | 好 | 3 000 | 叶片像雪花，叶边缘卷曲 | 叶 | 55 | | 小 | 9月 | 清明 | 行距50厘米，株距35厘米 | 常规贮藏 |
| 肉质软、不糯，炒熟后也不变色，采收期长，抗冻 | 强 | 强 | 好 | 高 | 绿皮、有棱沟 | 瓜 | | | 中 | 清明播种，一个月后移栽 | 5—9月，无霜冻不会死 | 施农家肥 | 常规贮藏 |
| 肉质硬、辣 | 一般，可用托布津防治两次 | 一般 | 一般 | 1 500 | 根茎肉质肥厚，皮黄褐色，具芳香，辛辣味浓 | 块茎 | 100 | | 中 | 5月 | 霜降 | 行距50厘米，株距40厘米 | 窖藏 |
| 果皮粉，肉金黄色，肉质细腻 | 较强 | 较强 | 一般 | 中等 | 烤薯首选品种 | 块根 | | | 大 | 芒种 | 霜降前 | 施农家肥 | 窖藏 |
| 肉质软、糯、滑，味较淡，口感好 | 强 | 强 | 较好 | 高 | 不耐贮藏，品质中等，早熟 | 块茎 | 130 | | 小 | 4月上旬 | 8月下旬至10月上旬 | 适期播种，合理密植，中耕除草，保湿 | 埋土里，上面薄土覆盖，或者窖藏 |
| 肉质粉，风味佳，品质好 | 强 | 强 | 好 | 中等 | 晚熟，耐贮藏，仙居人尤其喜欢用来烧咸酸饭 | 块茎 | 130 | | 大 | 4月上旬 | 10月中旬至11月 | 适期播种，合理密植，中耕除草，保湿 | 埋土里，上面薄土覆盖，或者窖藏 |
| 植株高，固氮能力强，可以种在水田里（高出水面的垄上），耐水性好 | 强 | 强 | 较好 | 高 | | 整株 | 170 | | 小 | 5月 | 8月 | | 常规贮藏 |

# 多年生作物数据汇总表

| 样品编号 | 日期 | 采集地点 | 物种拉丁名 | 作物名称 | 俗名 | 历史演变 | 海拔 | 经度 | 纬度 | 品种类别 | 品种来源 | 种植原因 | 品质 |
|---|---|---|---|---|---|---|---|---|---|---|---|---|---|
| 2018334251 | 6/5/2018 | 仙居县官路镇谷坦村扛轿田自然村 | *Cerasus pseudocerasus* (Lindl.) G. Don | 樱桃 | 杏珠 | | 701 | 120.604 | 28.869 | 地方品种 | 前人留下 | 自家食用 | 果子、果核大，果皮鲜红，糖分高，品质佳 |
| 2018334252 | 6/5/2018 | 仙居县官路镇谷坦村扛轿田自然村 | *Pyrus pyrifolia* Nakai. | 梨 | 柴家梨 | 老树40~50年 | 701 | 120.604 | 28.869 | 地方品种 | 从老树上剪枝嫁接到野生山棠梨上 | 自家食用 | 果皮绿色，幼果有锈斑，但成熟后锈斑消失。脆、甜，多汁，无渣 |
| 2018334253 | 6/5/2018 | 仙居县官路镇谷坦村扛轿田自然村 | *Pyrus pyrifolia* Nakai. | 梨 | 蒲梨 | 老树50~60年 | 697 | 120.604 | 28.869 | 地方品种 | 从老树上嫁接而来，砧木为山棠梨，老树已死 | 自家食用 | 果型梨形，水分特别多，不是很脆，有点渣，成熟后果核小 |
| 2018334254 | 6/5/2018 | 仙居县官路镇谷坦村扛轿田自然村 | *Pyrus pyrifolia* Nakai. | 梨 | 冬梨 | 老树50~60年 | 697 | 120.604 | 28.869 | 地方品种 | 从老树上嫁接而来，与蒲梨在同一株上 | 自家食用 | 扁圆形，果皮黄褐色，零星锈斑；不是很脆，有渣，但不是很多，水分特多 |
| 2018334257 | 6/5/2018 | 仙居县官路镇谷坦村扛轿田自然村 | *Punica granatum* L. | 石榴 | 石榴 | 38年 | 694 | 120.604 | 28.869 | 地方品种 | 从下面谷坦水库边上取老树枝条扦插而来 | 自家食用 | 果皮红带黄，皮薄，甜，籽粒中等大，籽粒白里透红 |
| 2018334258 | 6/5/2018 | 仙居县官路镇谷坦村扛轿田自然村 | *Actinidia eriantha* Benth | 毛花猕猴桃 | 白藤梨（短果） | | 693 | 120.604 | 28.869 | 野生品种 | 山上移栽 | 自家食用 | 外观白色椭圆形，有毛；果肉青色（与叶子颜色相似），不很甜，有点酸；品质优 |
| 2018334259 | 6/5/2018 | 仙居县官路镇谷坦村扛轿田自然村 | *Actinidia eriantha* Benth | 毛花猕猴桃 | 白藤梨（雄株） | | 693 | 120.604 | 28.869 | 野生品种 | 山上移栽 | | 花粉量大，花红色，花粉黄色 |
| 2018334260 | 6/5/2018 | 仙居县官路镇谷坦村扛轿田自然村 | *Actinidia eriantha* Benth | 毛花猕猴桃 | 白藤梨（长果） | | 693 | 120.604 | 28.869 | 野生品种 | 山上移栽 | 自家食用 | 长果形，外观白色，有毛，不酸不甜，口味淡 |
| 2018334261 | 6/5/2018 | 仙居县官路镇谷坦村扛轿田自然村 | *Actinidia chinensis* Planch | 中华猕猴桃 | 黄皮猕猴桃 | | 689 | 120.603 | 28.870 | 野生品种 | 山上自然生长 | | 长卵圆形，黄皮，甜 |
| 2018334262 | 6/5/2018 | 仙居县官路镇谷坦村扛轿田自然村 | *Myrica rubra* Siebold et Zuccarini | 杨梅 | 白杨梅 | 约50年 | 750 | 120.608 | 28.868 | 野生品种 | 山上自然生长 | | 果子圆形，果肉白色；幼果有香味、浓，成熟时不酸、口感好 |
| 2018334263 | 6/5/2018 | 仙居县官路镇谷坦村扛轿田自然村 | *Pyrus pyrifolia* Nakai. | 梨 | 山棠梨（小果） | | 796 | 120.604 | 28.860 | 野生品种 | 山上自然生长 | | 果子小，幼果麻、涩，需要后熟 |
| 2018334264 | 6/5/2018 | 仙居县官路镇谷坦村扛轿田自然村 | *Diospyros kaki* Thunb. | 柿 | 狸猫哭 | | 806 | 120.603 | 28.859 | 野生品种 | 山上移栽 | 自家食用 | 果子小，扁圆形，淡红色，口感很甜，软，需后熟 |
| 2018334277 | 6/5/2018 | 仙居县官路镇谷坦村扛轿田自然村 | *Actinidia lanceolata* Dunn | 小叶猕猴桃 | 小叶猕猴桃 | | 796 | 120.607 | 28.862 | 野生品种 | 山上自然生长 | | 果实长卵圆形或近圆形，青皮无毛，光滑，肉质青色，甜。产量低，抗性好，可鲜食也可泡酒。 |
| 2018334278 | 6/5/2018 | 仙居县官路镇谷坦村扛轿田自然村 | *Pyrus pyrifolia* Nakai. | 梨 | 山棠梨（大果） | | 790 | 120.605 | 28.860 | 野生品种 | 山上自然生长 | | 不生涩，水分不多，肉质粉，需要后熟，后熟后渣也特别多 |
| 2018334279 | 6/5/2018 | 仙居县官路镇谷坦村扛轿田自然村 | *Armeniaca mume* Sieb. | 梅 | 青梅 | | 703 | 120.604 | 28.869 | 野生品种 | 山上移栽 | 自家食用 | 成熟时黄色果皮黄肉，果核不大，成熟后基本无涩，脆、酸，有香味 |

| 抗病 | 抗虫 | 产量 | 品种其他特性 | 利用部位 | 具体用途 | 利用方式与途径 | 特殊用途和价值 | 提供者种植年数 | 开花期 | 成熟期 | 株高（米） | 果实大小（厘米） |
|---|---|---|---|---|---|---|---|---|---|---|---|---|
| 强 | 强，一年一次喷药防虫 | 一般 | | 果实 | 鲜食 | | 观赏 | 50 | 2月底3月初 | 5月初 | 3.6 | 0.9～1.3 |
| 强，无锈病 | 强 | 200个/株，约250克/个 | | 果实 | 鲜食、止咳 | 把梨去核，放入冰糖，蒸煮后食用止咳 | 观赏 | 20 | 3月下旬 | 重阳节之后 | 3.2 | 4 |
| 强 | 强，不需防虫 | 约500克/个 | 果大 | 果实 | 鲜食、止咳 | 把梨去核，放入冰糖，蒸煮后食用止咳 | 观赏 | 30 | 3月中旬 | 11月 | 3.8 | 10 |
| 有零星锈斑，边上就有柏树，这说明抗锈病较强 | 强 | 约500克/个 | 果大 | 果实 | 鲜食、止咳 | 把梨去核，放入冰糖，蒸煮后食用止咳 | 观赏 | 30 | 3月底 | 12月 | 3.8 | 10 |
| 强 | 强 | 一般 | | 果实 | 鲜食 | | 观赏 | | 5月下旬6月初 | 立冬 | 5.4 | 10 |
| 强 | 强 | 高，约20克/颗 | 叶片长圆形，花较大 | 果实，根 | 鲜食、肠胃止痛（女性用雌株）| 根或果实用水烧开后再煮1小时 | 砧木 | | 4月下旬5月初 | 立冬 | | 2.5 |
| 强 | 强 | | | 花粉，根 | 肠胃止痛（男性用雄株）| 根用水烧开再煮1小时 | 授粉、砧木、观赏 | | 4月下旬5月初 | | | |
| 强 | 强 | 高，约40克/颗 | | 果实，根 | 鲜食、肠胃止痛 | 根或果实用水烧开后再煮1小时 | 砧木 | | 4月下旬5月初 | 霜降—立冬 | | 3 |
| 强 | 一般，有虫叶 | 高，约20克/颗 | | 果实，根 | 鲜食、肠胃止痛、泡酒 | 根或果实用水烧开后再煮1小时 | 砧木 | | 3月中 | 霜降—立冬 | | 2～3 |
| 强 | 强 | 约15克/颗 | | 果实 | 鲜食、泡酒 | | 观赏 | | 3月下旬4月初 | 6月中下旬 | 5.6 | 2 |
| 强 | 强 | 约15克/个 | 心室少 | 果实 | | | 砧木 | | 3月 | 9—10月 | 5.2 | 2.5 |
| 强 | 强 | 高 | 籽3～4粒 | 果实 | 鲜食 | | | | 4月上旬 | 立冬 | 6 | 2～3 |
| 强 | 强 | 低，10～20克/颗 | 叶片细长、光滑，花小有点红，果子小 | 果实，根 | 鲜食、肠胃止痛、泡酒 | 根或果实用水烧开后再煮1小时 | | | 3月底，比黄皮猕猴桃迟，比白皮猕猴桃早 | 立冬前后 | | 2 |
| 强 | 强 | 高，100～150克/个 | | 果实 | 煮熟好吃，可以喂猪 | | 砧木 | | 3月 | 重阳后，霜降前 | 12 | 5 |
| 强 | 强 | 高 | | 果实 | 鲜食（可拌白糖吃）、泡酒 | 未成熟转色变白时可泡酒 | | | 1月下旬 | 6月下旬 | 5.2 | 2～3 |

| 样品编号 | 日期 | 采集地点 | 物种拉丁名 | 作物名称 | 俗名 | 历史演变 | 海拔 | 经度 | 纬度 | 品种类别 | 品种来源 | 种植原因 | 品质 |
|---|---|---|---|---|---|---|---|---|---|---|---|---|---|
| 2018334280 | 6/5/2018 | 仙居县官路镇谷坦村扛轿田自然村 | Vitis vinifera L. | 葡萄 | 小叶葡萄 | | 710 | 120.604 | 28.869 | 野生品种 | 山上自然生长 | | 果实近球形，紧凑，被白色蜡质，未成熟时青皮，成熟后紫黑色，白肉带青，软、甜，口感好 |
| 2018334281 | 6/5/2018 | 仙居县官路镇谷坦村扛轿田自然村 | Ziziphus jujuba Mill. | 枣 | 小枣 | 约50年 | 700 | 120.604 | 28.869 | 地方品种 | 从皤滩枣园拿来小苗种植 | 自家食用 | 果实近球形，青时很硬咬不动，鲜白时水分多、脆，果皮红色时采摘，肉已软，肉厚，味甜 |
| 2018334282 | 6/12/2018 | 仙居县朱溪镇朱家岸村 | Vitis vinifera L. | 葡萄 | 野生小葡萄 | | 209 | 120.876 | 28.708 | 野生品种 | 山上自然生长 | | 结籽较稀疏，果实近球形，被白色蜡质，未成熟时青皮，成熟后紫红色，白肉，软、厚，味酸、涩，口感差 |
| 2018334290 | 6/6/2018 | 仙居县安岭乡四联村 | Pyrus pyrifolia Nakai. | 梨 | 王家梨 | 58年 | 576 | 120.350 | 28.539 | 地方品种 | 购买种植 | 自家食用 | 果皮有锈斑，成熟时甜，汁水多，无渣，口感好 |
| 2018334291 | 6/6/2018 | 仙居县安岭乡四联村 | Ziziphus jujuba Mill. | 枣 | 小圆枣 | 50多年 | 576 | 120.350 | 28.539 | 野生品种 | 前人留下 | 自家食用 | 果实圆球形，果皮红色，成熟时水分不多，甜，枣核偏圆、大（果皮白色带红色时最好吃） |
| 2018334292 | 6/6/2018 | 仙居县安岭乡石舍村 | Pyrus pyrifolia Nakai. | 梨 | 伟星梨 | 约50年 | 539 | 120.334 | 28.532 | 地方品种 | 前人留下 | 自家食用 | 果实梨形，绿皮，皮薄。未成熟时有渣。成熟时无渣，水分多，但不是很甜，有一点酸 |
| 2018334293 | 6/6/2018 | 仙居县安岭乡石舍村 | Diospyros kaki Thunb. | 柿 | 土柿 | 55年 | 539 | 120.334 | 28.532 | 野生品种 | 前人留下 | 自家食用 | 果实长圆形，果皮黄红色、薄，肉软，甜 |
| 2018334294 | 6/6/2018 | 仙居县安岭乡石舍村 | Diospyros kaki Thunb. | 柿 | 山柿 | | 506 | 120.334 | 28.532 | 野生品种 | 山上移栽 | 自家食用 | 果实圆形，皮红色、薄，肉软，口感甜，籽多 |
| 2018334295 | 6/6/2018 | 仙居县安岭乡石舍村 | Diospyros kaki Thunb. | 柿 | 灿柿（音） | 100多年 | 545 | 120.332 | 28.533 | 野生品种 | 前人留下 | 自家食用 | 果实长圆形，成熟时红色，黄色时摘下后熟，软、甜 |
| 2018334303 | 6/6/2018 | 仙居县安岭乡雅楼村 | Pyrus pyrifolia Nakai. | 梨 | 雅楼梨 | 70多年 | 528 | 120.343 | 28.524 | 地方品种 | 前人留下 | 自家食用 | 褐皮，光滑，有零星锈斑。汁水多、甜，有渣，果核占1/3 |
| 2018334310 | 6/6/2018 | 仙居县南峰街道下垟底村溪头自然村 | Ziziphus jujuba Mill. | 枣 | 圆枣 | 50多年 | 54 | 120.727 | 28.835 | 地方品种 | 前人留下 | 自家食用 | 果实圆球形，成熟时果皮红色、薄，肉质厚，水分不多，味甜，枣核小 |
| 2018334311 | 6/6/2018 | 仙居县南峰街道下垟底村溪头自然村 | Citrus maxima (Burm) Merr. | 柚 | 白橙 | 70年 | 54 | 120.727 | 28.835 | 地方品种 | 老树种子扔着长出实生苗 | 自家食用 | 成熟后果皮淡黄色，皮不厚，有种子，有香味，果肉无渣、甜、不太酸 |
| 2018334326 | 6/7/2018 | 仙居县朱溪镇朱家岸村 | Pyrus pyrifolia Nakai. | 梨 | 雪梨 | 40多年 | 209 | 120.876 | 28.708 | 地方品种 | 前人留下 | 自家食用 | 果子很大，果皮锈斑严重，脆、多汁，无渣，甜 |
| 2018334331 | 6/7/2018 | 仙居县埠头镇小屋基村 | Diospyros kaki Thunb. | 柿 | 长柿 | 50多年 | 806 | 120.558 | 28.850 | 引进品种 | 市场购买 | 自家食用 | 成熟时红、甜，需后熟，种子比方柿小，口感稠黏、粗糙 |

续表

| 抗病 | 抗虫 | 产量 | 品种其他特性 | 利用部位 | 具体用途 | 利用方式与途径 | 特殊用途和价值 | 提供者种植年数 | 开花期 | 成熟期 | 株高（米） | 果实大小（厘米） |
|---|---|---|---|---|---|---|---|---|---|---|---|---|
| 强 | 强 | 低 | 叶小，果穗长10厘米，果实内有小种子1颗 | 果实，根 | 鲜食、药用 | 根有舒筋活血作用，可治骨神经痛、风湿痛 | | | 5月 | 霜降后 | | 1 |
| 一般 | 一般 | 一般 | | 果实 | 鲜食 | 补血 | | | 6月上旬 | 白露前后 | 6.2 | 1.5～2 |
| 强 | 强 | 一般 | 果穗长达20厘米 | 果实，根 | 鲜食、酿酒、药用 | 根可治坐骨神经痛、风湿痛 | | | 5月 | 霜降后立冬前，10月下旬 | | 1～1.5 |
| 不抗锈病 | | 约50克/个。有两年未结果子（气温太低） | | 果实 | 鲜食、止咳 | 把梨去核，放入冰糖，蒸煮后食用止咳 | 观赏 | 58 | 3月 | 8—9月 | 6.9 | 3～4 |
| 强 | 强 | 高 | | 果实 | 鲜食、枣干 | | 观赏 | | 6月上旬 | 9月 | 9.2 | 1.5 |
| 无锈病 | 一般 | 一般，不疏果，150克/只 | | 果实 | 鲜食、止咳 | 把梨去核，放入冰糖，蒸煮后食用止咳 | 观赏 | | 清明 | 10月 | 7.3 | 5 |
| 较强 | 较强 | 高 | 2～3粒籽 | 果实 | 鲜食、晒柿干 | 成熟早摘，削皮后晒干做柿饼，作为补品 | 观赏 | | 清明 | 国庆节后至11月 | 7.2 | 3～5 |
| 强 | 强 | 高，30克/个 | | 果实 | 鲜食、晒柿干 | 晒干做柿饼 | 观赏 | | 清明 | 立冬 | 4.1 | 3 |
| 强 | 强 | 高，50克/个 | 2～6粒籽 | 果实 | 鲜食、晒柿干 | 晒干做柿饼 | 观赏 | | 4月初 | 11月上旬 | 7.2 | 3～4 |
| 不抗锈病 | 较好 | 去年果子很多，今年不生 | 今年未结果 | 果实 | 鲜食、止咳 | 把梨去核，放入冰糖，蒸煮后食用止咳 | 观赏 | 70 | 4月上旬 | 10—11月 | 12 | 4～5 |
| 强 | 强 | 高 | | 果实 | 鲜食 | | | 50 | 5月底6月初 | 8月底 | 4 | 2 |
| 一般 | 一般 | 1～1.5千克/只 | | 果实 | 鲜食 | | | 20 | 4月 | 霜降 | 5 | 25 |
| 不抗锈病 | 强 | 高，约500克/个 | 需套袋，否则成熟时无果子 | 果实 | 鲜食、止咳 | 把梨去核，放入冰糖，蒸煮后食用止咳 | 观赏 | 40 | 3月初，同桃花 | 霜降，否则不好吃 | 6.6 | 10 |
| 强 | 强 | 有大小年，50～100克/个 | 2～3粒籽 | 果实 | 鲜食、晒柿干 | 晒干做柿饼 | 观赏 | 1968年购于市场 | 清明 | 霜降 | 10 | 4 |

| 样品编号 | 日期 | 采集地点 | 物种拉丁名 | 作物名称 | 俗名 | 历史演变 | 海拔 | 经度 | 纬度 | 品种类别 | 品种来源 | 种植原因 | 品质 |
|---|---|---|---|---|---|---|---|---|---|---|---|---|---|
| 2018334332 | 6/7/2018 | 仙居县埠头镇小屋基村 | Diospyros kaki Thunb. | 柿 | 方柿 | 50多年 | 806 | 120.558 | 28.850 | 引进品种 | 市场购买 | 自家食用 | 扁圆形,鲜食果肉脆、甜,后熟软,口感细腻、爽口,水分比长柿多 |
| 2018334335 | 6/7/2018 | 仙居县埠头镇小屋基村 | Diospyros kaki Thunb. | 柿 | 雄柿 | 50多年 | 806 | 120.558 | 28.850 | 野生品种 | 前人留下 | | 花粉量大 |
| 2018334336 | 6/7/2018 | 仙居县埠头镇小屋基村 | Amygdalus persica L. | 桃 | 毛桃 | 约100年 | 806 | 120.558 | 28.850 | 野生品种 | 前人留下 | 自家食用 | 外观一半暗红,一半青,有毛,果核大,离核。成熟肉软,汁多,味甜,有特殊香味 |
| 2018334337 | 6/7/2018 | 仙居县福应街道东溪村桐桥自然村 | Prunus salicina Lindl. | 李 | 红心李 | 约50年 | 83 | 120.764 | 28.883 | 地方品种 | 从至少35年树龄的老树根部挖来小苗 | 自家食用 | 成熟时果皮暗红色,果肉红色,味甜,口感极佳 |
| 2018334338 | 6/7/2018 | 仙居县福应街道东溪村桐桥自然村 | Myrica rubra Siebold et Zucc. | 杨梅 | 水梅 | 明朝,约400年 | 59 | 120.765 | 28.886 | 野生品种 | 前人留下 | 自家食用 | 果实较小,成熟时鲜红,水分多,味酸甜,口感极佳,果核有点绿色,偏长形 |
| 2018334339 | 6/8/2018 | 仙居县福应街道东溪村桐桥自然村 | Myrica rubra Siebold et Zucc. | 杨梅 | 荸荠种 | 35年 | 76 | 120.764 | 28.885 | 引进品种 | 市场购买 | 自家食用 | 偏圆形,紫黑色,肉质厚,外突起明显,肉柱棍棒形,肉质软,汁多,味甜微酸,略有香气,品质特优 |
| 2018334340 | 6/8/2018 | 仙居县福应街道东溪村桐桥自然村 | Myrica rubra Siebold et Zucc. | 杨梅 | 雄杨梅 | 40年 | 78 | 120.765 | 28.885 | 野生品种 | 山上挖来 | | 花序长,红褐色,花粉量大 |
| 2018334341 | 6/8/2018 | 仙居县福应街道东溪村桐桥自然村 | Myrica rubra Siebold et Zucc. | 杨梅 | 东魁 | 35年 | 81 | 120.765 | 28.885 | 引进品种 | 市场购买 | 自家食用 | 果形大如乒乓球,圆形,缝合线明显,果蒂突起,果色紫红,肉柱较粗,先端钝尖,肉厚,汁多,甜酸适中,味浓 |
| 2018334342 | 6/11/2018 | 仙居县上张乡六亩田村 | Myrica rubra Siebold et Zucc. | 杨梅 | 土梅 | 50多年 | 500 | 120.711 | 28.620 | 野生品种 | 山上自然生长 | | 果实小,果核占1/3,色泽红,风味浓,甜、酸,成熟易落果,商品性差 |
| 2018334343 | 6/11/2018 | 仙居县上张乡苗辽村 | Actinidia chinensis Planch | 中华猕猴桃 | 黄肉猕猴桃 | 40多年 | 735 | 120.793 | 28.608 | 野生品种 | 山上自然生长 | | 果实长圆柱形,果肉金黄,维生素C含量高,肉质细嫩汁多,风味香甜可口,品质特优 |
| 2018334345 | 12/5/2018 | 仙居县官路镇谷坦村石头坦自然村 | Cerasus pseudocerasus (Lindl.) G. Don | 樱桃 | 野生樱桃 | | 723 | 120.600 | 28.857 | 野生品种 | 前人留下 | 自家食用 | 成熟紫红色,果子小,核大,适口性一般。 |

续表

| 抗病 | 抗虫 | 产量 | 品种其他特性 | 利用部位 | 具体用途 | 利用方式与途径 | 特殊用途和价值 | 提供者种植年数 | 开花期 | 成熟期 | 株高（米） | 果实大小（厘米） |
|---|---|---|---|---|---|---|---|---|---|---|---|---|
| 强 | 强 | 有大小年，约100克/个 | 2～3粒较大的种籽 | 果实 | 鲜食、晒柿干 | 晒干做柿饼 | 观赏 | 1968年购于市场 | 清明 | 霜降 | 10 | 5 |
| 强 | 强 | | | 花粉 | 作为授粉树 | | | | 清明 | | 8 | |
| 较强 | 较强 | 较高 | 花红色 | 果实 | 鲜食 | | 观赏 | | 3月中 | 8月 | 3 | 5 |
| 强 | 较强，果子易被虫蛀 | 有大小年结果现象 | | 果实 | 鲜食 | | | 15 | 3月 | 6月下旬 | 3.7 | 3～4 |
| 强 | 强 | 大小年不明显，结果量大 | | 果实 | 泡杨梅酒 | | | 50 | 3月中 | 6月中旬 | 10 | 2 |
| 强 | 强 | 高 | 果核比水梅小，与果肉易分离 | 果实 | 鲜食、泡酒 | 泡杨梅酒 | | 35 | 3月 | 6月上中旬 | 4.5 | 2.5 |
| 强 | 较强 | 花粉量大 | | | 作为授粉树 | | | 40 | 3月 | | 4.8 | |
| 不如荸荠种 | 不如荸荠种 | 高 | | 果实 | 鲜食、泡酒、榨汁 | 泡杨梅酒、榨杨梅汁 | | 35 | 3月 | 6月中下旬 | 5 | 4 |
| 强 | 强 | 低 | 成熟后易落果 | 果实 | 鲜食、泡酒 | 泡杨梅酒 | 一般作嫁接苗 | | 3月 | 6月中旬 | 5 | 1 |
| 强 | 强 | 高，约50克/颗 | | 果实，根 | 鲜食、肠胃止痛 | 根或果实用水烧开后再煮1小时 | 砧木 | 12 | 4月下旬5月初 | 10月 | | 3 |
| 好 | 好 | 一般 | | 果实 | 鲜食、泡酒 | | | | 2月 | 4月底 | 10 | 0.5～0.7 |